果蔬密码
77款低卡营养思慕雪

郑颖 主编

U0376118

吉林科学技术出版社

图书在版编目（ＣＩＰ）数据

果蔬密码：77款低卡营养思慕雪 / 郑颖主编. --
长春：吉林科学技术出版社，2019.3
ISBN 978-7-5578-4460-8

Ⅰ．①果… Ⅱ．①郑… Ⅲ．①果汁饮料－制作 Ⅳ.
①TS275.5

中国版本图书馆CIP数据核字(2018)第122545号

果蔬密码　77款低卡营养思慕雪
GUO-SHU MIMA 77 KUAN DIKA YINGYANG SIMUXUE

主　　编　郑　颖
出 版 人　李　梁
责任编辑　端金香　穆思蒙
封面设计　深圳市金版文化发展股份有限公司
制　　版　深圳市金版文化发展股份有限公司
幅面尺寸　167 mm×235 mm
字　　数　120千字
印　　张　11.5
印　　数　1-6000册
版　　次　2019年3月第1版
印　　次　2019年3月第1次印刷
出　　版　吉林科学技术出版社
发　　行　吉林科学技术出版社
地　　址　长春市人民大街4646号
邮　　编　130021
发行部电话/传真　0431-85635176 85651759 85635177
　　　　　　　　　　　85651628 85652585
储运部电话　0431-86059116
编辑部电话　0431-85677819
网　　址　www.jlstp.net
印　　刷　吉林省创美堂印刷有限公司
书　　号　ISBN 978-7-5578-4460-8
定　　价　49.90元
如有印装质量问题　可寄出版社调换
版权所有　翻印必究　举报电话　0431-85635186

CONTENTS 目录

Part 1 思慕雪的身心健康法则

Part 2 有益健康的思慕雪

Part 3　让心情好的思慕雪

Part 4 调理季节性不适的思慕雪

Part 1
思慕雪的身心健康法则

　　思慕雪是一种以新鲜的蔬菜、水果为主要材料，根据不同的需求搭配相应的辅料制作而成的健康饮品。快来制作一杯属于你自己的幸福思慕雪吧！

什么是思慕雪

关于思慕雪，或许在你心里还存在许多疑问，思慕雪怎么喝？如何才能喝得健康？下面为你解答关于思慕雪常见的一些问题。

思慕雪到底是什么？其实就是把新鲜的蔬菜和水果用搅拌机打碎后，加上碎冰、果汁、雪泥、乳制品等，混合而成的半固体饮料。它制作起来非常简单，人人都能做，喝一次就会被那甘甜爽滑的口感深深"俘获"，从此爱上这新鲜的美味。

思慕雪源于20世纪60年代中期的美国，那时候在美国掀起了一股有益身体健康的素食主义浪潮。为了满足社会的需求，以健康食品为主题的零售餐馆应运而生。其中，餐馆菜单上最受欢迎的就是思慕雪。

一杯思慕雪，富含多种维生素、矿物元素，以及膳食纤维、蛋白质、有益的脂肪酸，对身心健康都非常有益，可谓是一款非常健康的饮品。为什么思慕雪的营养如此全面呢？看看它的"构成"就知道了：

● 新鲜蔬菜、新鲜水果
● 牛奶、酸奶等奶制品
● 红豆、黑豆、豆浆、豆腐等豆类及豆制品
● 杏仁、瓜子、开心果等坚果
● 葡萄干、西梅干等干果品
● 甜酒、苹果醋等天然健康饮品
● 含乳酸菌的各类饮品
● 肉桂粉、抹茶粉等天然调味料

如此看来，简简单单的一杯思慕雪，可真是各种天然食材的一场华丽邂逅！无论你追求的是美味、健康，还是创意、时尚，这百变的思慕雪，一定不能错过！

食材的处理方法

食材的新鲜度和品质直接决定了思慕雪的口感，因此学会挑选和处理食材至关重要。

1. 食材的挑选方法

尽量挑选新鲜度高的当季食材，因当季食材营养丰富，味道也会更清香可口。此外，由于思慕雪需要直接使用生鲜蔬果，有些还需要连皮一起使用，以保留更丰富的营养，因此应挑选有机栽培、不滥用农药的安全蔬果。

2. 食材的清洗方法

用碱清洗过的蔬果，其农药残留大大减少。在清洗蔬果时，可用流水冲洗干净，放进溶有苏打（食用碱）或小苏打的水中，浸泡 5~10 分钟，再用流水冲洗片刻。对于苹果、橙子等水果，也可以在冲洗干净后，蘸取少量苏打或小苏打直接搓洗其表面片刻，再冲净即可。

3. 保存方法

叶菜类

清洗干净后，充分晾干表面的水分，放入密封袋中，排尽空气，密封好(叶在上，根茎在下)，放冰箱冷藏室保存。

水果类

水果洗净晾干后，切成适宜的大小，放入密封袋，放进冰箱冷冻室保存。拿出后无须解冻即可直接用于制作思慕雪。

坚果类

如果坚果已经浸水，需将其冲洗干净并晾干，放入保鲜盒中密封，再放入冰箱冷藏保存，并于 4~5 日内食用完。

制作适合自己的思慕雪

选择适合你体质的思慕雪很重要，合理的果蔬搭配，让你的身体更加健康。

1. 最大限度地利用蔬菜和水果的营养素

只要有榨汁机，谁都能轻松地做出思慕雪。只需要将蔬菜和水果切成一口能吞下的块状，然后放入果汁机或者榨汁机中搅拌就可以了，不擅长烹调的人也能搞定。

蔬菜和水果本身就具有很高的营养价值，了解各种蔬菜和水果含有的营养素以及其功效，就能搭配出最好的组合，来提高营养价值，还能补充身体容易缺失的营养素。这样一来，就能起到免疫力上升、预防疾病和减肥等相乘、相加的效果。

2. 相乘、相加的效果，让能量进一步提升

举例说明，血糖高的人可以利用香蕉和橙子的"相加"效果改善血糖值。香蕉含钾多，在美国，血糖值高的人经常吃香蕉。橙子中含有的隐黄素具有缓解糖尿病的效果。

西蓝花和橄榄油的搭配中，西蓝花含有的营养素具有降低胆固醇的功效，而橄榄油中含有的油酸具有同样的功效，二者"相乘"的效果值得期待。

橙子、西柚等柑橘类水果以及梅子中含有谷氨酸，而谷氨酸具有增强能量代谢和促进脂肪燃烧的作用。特别是梅子，其含有的谷氨酸非常多，与西红柿搭配能够增强减肥效果。

除此之外，新鲜蔬菜和水果搭配有预防感冒、防癌、净化血液、美化肌肤、抗衰老等效果。

3. 不加热，更好地摄取活性酵素

思慕雪使用的是蔬菜和水果，不像吃肉和鱼等食材，思慕雪基本上不需要加热。正因为如此，身体可以更好地摄取到具有活性的酵素。

酵素是人类赖以生存的、不可或缺的物质，是与食物的消化、将营养素转化为能量等生命活动密切相关的重要营养素。若体内的酵素不足的话，人就容易疲劳，容易生病。酵素的缺点是不耐热，而思慕雪基本上是不加热直接生吃的，所以从思慕雪中能够摄取到有活性的酵素。

除了酵素以外，从思慕雪中还能摄取到膳食纤维、维生素、矿物质等平时容易出现不足的各种营养素，这也是思慕雪的魅力之一。

思慕雪还能够最大程度地发挥"食材搭配"的魔力。对于各种身心不适症状，可以精心挑选一些对症食材进行组合搭配，制作成思慕雪，每天来一杯，症状就能慢慢地得到改善。就算没有具体的症状，从预防疾病的角度出发，思慕雪也是一种不错的尝试。

制作思慕雪所需的工具

此处向大家介绍本书中思慕雪制作所需的工具。在正式开始调制思慕雪前，请先备齐以下工具。

1. 榨汁机

本书中所制作的思慕雪都使用专业榨汁机，不过能处理冰块和冷冻水果的家用榨汁机也可以。本书中介绍的果饮样品和拍摄的图片均使用家用榨汁机完成。部分型号的榨汁机不可以处理冰块和冷冻水果，不适合用于调制本书中介绍的果饮。

2. 手动榨汁机

手动榨汁机有用于榨取柠檬和青柠果饮的小尺寸型号，还有用于榨取橙汁的大尺寸型号。使用时，先将水果切成片，放入滤网中，插入手柄用力挤压并旋转，可视水果软硬程度适度控制压榨的力度。

3. 量杯

量杯用于量取液体食材。准备一个有刻度，总容量为 200 毫升左右的量杯即可。

4. 电子秤

电子秤用于测量重量。本书中主要用于测量冷冻后的水果。

5. 冷冻保鲜袋

冷冻保鲜袋指封口带有拉锁的密封塑料保鲜袋。将用于制作思慕雪的水果切成适合的尺寸，装入保鲜袋，放入冰箱中冷冻。

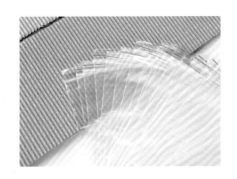

6. 制冰盒

本书中用到的冰块和柠檬汁冰块需要用制冰盒来制作。

7. 长柄汤匙

榨汁机在搅拌过程中没有充分拌匀水果和冰块时，长柄汤匙可帮助其搅拌均匀。尽量挑选柄部较长、匙头较小的汤匙，以便轻松插入刀片之间。

思慕雪的健康益处

果蔬汁中大多添加了大量乳糖制品来增加美味的口感，而思慕雪不仅糖分低，而且保留了蔬菜与水果中的膳食纤维，从而兼顾了食物带来的饱腹感和身体对营养的需求。

1. 塑造苗条曼妙的身材

蔬菜和水果是思慕雪的主要食材，我们知道很多蔬果都具有减脂、排毒、塑造完美体形的作用，所以经常将这些蔬果制成思慕雪饮用，能有效调理身体，最终收获苗条曼妙的身材。下面介绍一些具有减脂瘦身作用的蔬果：

草莓

香蕉

猕猴桃

草莓被称为减肥第一果，它所含的维生素 C 和多酚物质非常丰富，具有养颜抗氧化、清除自由基的作用，还有利于铁的吸收。

香蕉是非常健康的减肥早餐选择。"早间香蕉食谱"是当前日本最流行的一种减肥食谱，上午多吃香蕉能够帮助你成功瘦身。

猕猴桃的维生素含量在所有水果中名列前茅，被誉为"水果之王"。猕猴桃属于膳食纤维丰富的低脂肪食品，对减肥健美具有独特的功效。

黄瓜

黄瓜不仅富含维生素 C、胡萝卜素和钾，还含有抑制糖类物质转化成脂肪的羟基丙二酸，能抑制糖类转变为脂肪，从而起到减肥的作用。

胡萝卜

胡萝卜不仅有生吃养血、熟吃补身的功用，更具有益肝明目、利膈宽肠、健脾除疳、增强免疫力、降糖降脂的功效，是爱美女士减肥的好食材。

2. 帮助肠道消化，提高营养吸收率

想要食物充分消化吸收，需具备两个条件，一是细嚼慢咽，二是胃能够分泌足够的胃酸。

细嚼慢咽

想要食物充分吸收，就必须要花时间将食物充分咀嚼，直到食物的形状完全消失为止。不过要花上几个小时慢慢咀嚼对于忙碌的我们来讲也是不可能的，因此，想要将食物咀嚼到能完全消失的状态几乎是不可能的。思慕雪是用搅拌机将食物打碎得顺滑又细腻，这对消化吸收来讲真是非常得力。

能够分泌足够的胃酸

现代人大多数都存在胃酸不足的问题，如果胃酸不足，那么吃下的营养食物就不能在胃里得到充分吸收。在营养不足时，就算再怎么吃也满足不了身体的需求，这样还容易造成暴饮暴食。研究表明，持续饮用思慕雪能促进胃酸的分泌，使身体内的营养素趋于正常。

植物生化素的巨大能量

植物生化素存在于果蔬的表皮、果核、种子中，植物生化素可以说是我们维持身体健康不可或缺的能量。

1. 植物生化素是什么

与蔬菜和水果中含有的其他营养素不同，现在备受瞩目的是被称为"第七营养素"的"植物生化素"。植物生化素是指蔬菜和水果中含有的功能性成分，包括色素、香味成分、涩味成分等化学物质。植物生化素具有抗氧化、提高免疫力、杀菌等丰富多样的功效，比起单独摄取某一种，将各种成分组合起来一起摄取效果会更好。

2. 植物生化素的种类

植物生化素的种类非常多，据称有一万种以上，从其性质上来看大致可以划分为以下五种：

含硫化合物（蒜素、异硫氰酸烯丙酯等）

硫化合物是含有硫的化合物的总称。含硫化合物有很强的刺激性气味，具有稀释血液的效果。

【代表蔬菜】大蒜、洋葱、大葱、韭菜

碳水化合物活性物质（果胶、皂苷等）

蔬菜中含有碳水化合物活性物质。碳水化合物活性物质具有提高免疫力和抗癌的作用。

【代表蔬菜、水果】卷心菜、萝卜、苹果、橙子

风味成分（柠檬、姜辣素等）

柑橘类水果中含有丰富的香味和苦味成分，具有活化新陈代谢的功效以及促进血液运行、抗癌的作用。

【代表蔬菜、水果】紫苏、香草类、柠檬、西柚

多酚（花青素、橙皮苷、儿茶素等）

绝大部分的植物都含有多酚，多酚的种类很丰富。多酚具有强大的抗氧化作用。众所周知，红酒中含有多酚，实际上葡萄和可可豆中也含有丰富的多酚。

【代表蔬菜、水果】洋葱、生姜、葡萄、西梅

类胡萝卜素（β-胡萝卜素、番茄红素、芸香苷等）

类胡萝卜素是红色和黄色蔬果中的色素成分，可以保护人体不被紫外线造成的自由基所侵害。除此之外，类胡萝卜素还具有抗氧化作用，能够保护皮肤和黏膜等组织，预防病毒和细菌的侵入。

【代表蔬菜、水果】胡萝卜、南瓜、橙子、柿子

3. 植物生化素的主要功效

抗氧化作用 压力和紫外线等诱发的自由基会使人体皮肤被氧化，氧化加重就会引发疾病。	**排毒效果** 植物生化素能够将不知不觉中蓄积在体内的有害物质和毒素排出体外。
预防癌症 强大的抗氧化作用能抑制癌细胞的增殖。	**提高免疫力** 免疫系统是守护机体健康的系统，免疫细胞承担着提高免疫力的职责。
抗衰老 老化是因为自由基造成皮肤氧化而导致的。植物生化素具有抗氧化作用，能够延缓衰老。	**稀释血液** 血液中的坏胆固醇等会导致血栓形成，血管一旦变硬，罹患心肌梗死和脑梗死的风险就会增高。

制作思慕雪的蔬菜和水果

思慕雪是一款融合了低卡的蔬菜、美味的水果、营养的乳制品和坚果的健康饮品，制作上保留了食物的膳食纤维，饱腹感超强劲，用它来代餐、减肥是最好不过的了。

1. 思慕雪中使用的蔬菜

一年之中我们能买到各种各样的蔬菜，有些比较适合调制思慕雪，且口感别有一番滋味。大家可以试着去挑选自己喜爱的蔬菜制成思慕雪。用蔬菜制作思慕雪时需要注意以下几点：

●绿叶蔬菜一般一次使用一种。香草可以提升饮品的口味，因此有时也可以加入多种蔬菜。

●虽说都是蔬菜，不过跟偏白的卷心菜相比，使用红叶蔬菜和绿叶蔬菜效果更佳。深绿色蔬菜里含有更丰富的叶绿素。

●由于水果和淀粉类蔬菜一起食用会阻碍消化，所以在制作思慕雪时一般不使用根茎菜等淀粉类蔬菜。在绿叶蔬菜中，像卷心菜、嫩茎花椰菜、羽衣甘蓝等蔬菜，虽然茎是绿色的，但是却富含淀粉，我们尽量避免使用这样的蔬菜（羽衣甘蓝可将茎去掉，只使用叶的部分）。

●不要总是使用同一种绿叶蔬菜，尽量每天更换蔬菜的种类，进行多种尝试。因为绿叶蔬菜中含有生物碱，为了防止生物碱在体内堆积，避免持续使用同一种蔬菜是一种有效的预防方法。

2. 思慕雪中使用的水果

　　一年四季中，各种应季水果可以让思慕雪的口味变化无穷。根据当天的心情将水果自由组合，探索出自己喜爱的混搭组合真是妙趣无穷。但在用水果调制思慕雪时需要注意以下几点：

●请大家以季节为中心，尽量选择新鲜的水果。材料的种类不要增加得过多，简单的品种比较容易持续下去，口味更佳，同时又不会给胃造成什么负担。

●柑橘的籽很苦，所以使用时请大家细心地清除干净。

●如果不是特别在意口感，如苹果、梨、桃、猕猴桃等薄皮水果可以带皮使用。像香蕉和柑橘类这些皮比较厚的水果就需要将皮剥掉。

●请大家务必使用已经成熟的水果，这样既有利于消化，又能增加甜度。

●可以使用冷冻水果和干燥水果。家中常备些冷冻和干燥水果，就可以在新鲜水果不足的时候使用。

●除了柑橘以外，其他水果基本上可以连种子一起放进榨汁机。不过如果对口感有比较高的要求则需要剔除。像杧果和桃这样核很硬的品种就必须除去果核，只使用果肉部分。

思慕雪的基本制作方法

所有思慕雪的制作方法均相似。在冷冻和倒入榨汁机中搅拌时，需要稍微掌握一些小妙招，即可轻松完成。

食材切块

将准备用于调制果饮的水果刮皮去籽后，切成一口可以食用的块状。切法因食材而异。

冷冻

将切好的水果装入保鲜袋中冷冻。装袋时将水果放平，避免重叠。充分冷冻可以保留水果本身的松软口感，请冷冻一个晚上以上。

　　将冷冻后的水果和其他材料同时倒入榨汁机中，按下启动按钮即可，调制方法仅此而已！

　　冰块和冷冻水果没有被彻底搅匀，榨汁机的刀片处于空转状态时，关掉电源，打开盖子，将汤匙插入刀片之间翻搅，再次盖上盖子，打开电源。重复几次上述步骤，果饮的口感自然会由注水感变得细腻绵密。

 # 健康美味思慕雪的制作技巧

水果和蔬菜是思慕雪的主角，也是决定口味和营养的基础；牛奶起到稀释和融合食材的作用；冰冻的食物，可增加思慕雪的清爽口感。

制作思慕雪其实是极具乐趣的一件事，每个人的喜好和体质都不尽相同，大家可以通过各种各样的尝试来制作出适合自己的思慕雪。

饮用思慕雪会逐渐形成一种习惯，只有长久坚持才能看到身体一天天地改变。我们可以轻轻松松开始，并一直持续下去。由于每个人的口味喜好和健康需求不同，会偏爱不同的食材，并逐渐制作出适合自己的思慕雪。不过还是要了解一些基本的美味、健康法则，帮助你少走弯路。

1. 制作美味思慕雪的技巧

①一次不要添加太多种材料。配方尽可能简单，这样既好喝，又不容易给肠胃增加负担。

②要使用新鲜的蔬菜和水果，水果处在成熟状态最为理想。

③制作出一天要喝的思慕雪。剩下的部分放在阴凉处或冰箱里，能保存一天。

④不宜加入太多的绿叶蔬菜，以保证思慕雪良好的口感。

⑤如果想利用思慕雪减脂瘦身，则不要加入盐、油、甜味剂、市售果汁、碳酸饮料及各种添加剂。

⑥淀粉含量较高的根茎类蔬菜，不适合跟水果一起制作思慕雪。

2. 健康饮用的技巧

①尽可能每天都饮用思慕雪，坚持两周左右即可形成习惯。

②每个人的饮用量不同。虽说一杯已经足够，但如果每天能饮用 1 升，效果将更加明显。

③不要在吃饭时饮用思慕雪，请单独饮用。如果想要吃其他的东西，请前后间隔 40 分钟以上。

④饮用思慕雪时不要像喝水和饮料那样一饮而尽，要花时间慢慢品味。养成习惯之前，建议大家用勺子一口一口舀着喝。

⑤脾胃虚弱的人及体寒者不适合长期食用冰冷的食物，最好饮用常温思慕雪。

⑥患慢性病的人肠胃都很敏感，所以过多的纤维会给肠胃造成负担。在这种情况下，建议大家开始时先将思慕雪过滤一遍，去除纤维后再饮用。

⑦开始喝思慕雪的时候会经常感觉到饿，这是因为胃肠活动变得活跃。适应一阵子，待胃酸分泌正常、身体功能趋于平衡之后，大部分人就不再感觉到饿。

Part 2
有益健康的思慕雪

　　蔬菜搭配水果不但能制作成可口的菜肴，只要搭配得当、制作有方，即可化身营养思慕雪。新鲜的蔬菜混合水果制作而成的思慕雪保留了其天然美味，还能给人体提供丰富多样的营养素，在改善人体脏腑功能、防癌抗癌、美容养颜方面有着强大的功效，帮助体内废弃物的代谢，让身体更具活力。

高血压

高血压是诱发多种心脑血管疾病的元凶。减少盐分、多多摄取膳食纤维是预防高血压的关键。

优势营养素：钾、膳食纤维。

排出体内的盐分有助于预防和改善高血压

盐分摄取过量是引发高血压的原因之一。如果放任不管的话，很容易招致心肌梗死、脑卒中、动脉硬化等严重的疾病。控制盐分势在必行，摄取能够排出体内多余盐分的钙，以及膳食纤维含量丰富的食材均有助于预防和改善高血压。

对症配方01

青苹果 +  **芹菜** +  **苦瓜**

有效成分

苹果能提高机体免疫力，芹菜含酸性的降压成分，苦瓜能降低血压，三者结合对血压能起到控制的作用。

材料（成品200~300毫升）

青苹果................150 克

芹菜....................30 克

苦瓜....................50 克

制作

1. 洗净的青苹果对半切开，去核，切成块。
2. 洗净的芹菜切成块，下入沸水中焯煮至熟，捞出，沥干水分。
3. 洗净的苦瓜去瓤，切成片，下入沸水中焯煮至熟，捞出，沥干水分。
4. 将所有材料放入榨汁机中，搅拌至细滑，装杯，再点缀上芹菜叶和芹菜梗即可。

苹果中所含的多酚可
以减少坏胆固醇的含量，预防
和改善高血压。多酚存在于苹
果皮的内侧，因此建议
带皮吃。

葡萄柚 ＋ 哈密瓜 ＋ 黄瓜

有效成分

葡萄柚能维持代谢平衡，哈密瓜能调控焦虑情绪，黄瓜能预防高血压，三者结合能控制血压。

材 料 (成品200~300毫升)

葡萄柚.................170克
哈密瓜.................30克
黄瓜.....................20克

制 作

1. 葡萄柚去皮，切成块。
2. 哈密瓜对半切开，去籽，去皮，切成块。
3. 洗净的黄瓜切成块。
4. 将所有材料放入榨汁机中，搅拌至细滑，倒入杯中，杯口插上葡萄柚片，点缀上薄荷叶即可。

Tips

幼儿常食能促进肌肉组织的生长发育，成人常食对保持肌肉弹性和防止血管硬化有一定的作用。此外，黄瓜中所含的葡萄糖苷、果糖等不参与通常的糖代谢，故糖尿病人以黄瓜代淀粉类食物充饥，血糖非但不会升高，反而会降低。

Tips!

葡萄柚所含的柚皮苷可以预防和改善高血压，但正在服用治疗高血压药物的患者请向医生咨询搭配摄取的宜忌。

023

高血糖

食用含糖量少的蔬菜和水果来控制血糖的上升很重要。
优势营养素：膳食纤维。

控制血糖值，预防和改善高血糖

血糖值太高的话罹患糖尿病的概率会增大，出现脑卒中和心肌梗死等多种并发症的风险也会增高。建议食用膳食纤维丰富的、糖含量低的蔬菜和水果来防止血糖值的上升，严格地控制血糖。

对症配方01

草莓 + 苹果 + 圣女果

有效成分

草莓能控制血糖水平，苹果能降血糖，圣女果能抑制血糖上升，三者结合能有效控制血糖。

材料（成品200~300毫升）

草莓.....................150克
苹果.......................30克
圣女果...................50克

制作

1. 洗净的草莓去蒂，对半切开。
2. 洗净的苹果对半切开，去核，切成块。
3. 洗净的圣女果去蒂，对半切开。
4. 将所有材料放入榨汁机中，搅拌至细滑，倒入杯中，最后点缀上薄荷叶即可。

Tips!

苹果中所含的果胶是
膳食纤维的一种，可以抑制血糖
的上升，消除疲劳并增强体力，
还能调理肠胃。

对症配方02

生菜　　　　　葡萄柚　　　　　豆浆

有效成分

　　生菜能辅助降血糖，葡萄柚能调节血糖水平，豆浆能控制餐后血糖上升，三者结合能辅助治疗高血糖。

材料（成品200~300毫升）

生菜..................150克
葡萄柚..................20克
豆浆..................10毫升

制作

1. 洗净的生菜切成段。
2. 葡萄柚去皮，切成块。
3. 将所有材料放入榨汁机中，搅拌至细滑。

Tips

　　葡萄柚所含的天然叶酸对于怀孕中的妇女，有预防贫血的功效；葡萄柚中所含的西柚苷可刺激细胞中的造骨基因，儿童多吃葡萄柚是有益处的；葡萄柚是少有的可以提高胰岛素敏感性的水果，是高血糖患者的最佳食疗水果。

Tips!

葡萄柚中所含的柚皮苷是多酚的一种。柚皮苷具有抗氧化作用，可以预防和改善高脂血症，还具有促进脂肪分解的功效。

高胆固醇

减少体内的中性脂肪，消除潜在的肥胖，由内而外，清爽苗条。
优势营养素：膳食纤维、维生素E、卵磷脂、蛋白质。

用膳食纤维和卵磷脂减少体内的中性脂肪

暴饮暴食和缺乏运动等原因会导致中性脂肪值增高，中性脂肪作为身体脂肪堆积在体内，引发肥胖。摄取可以抑制胆固醇吸收的膳食纤维、可以促进胆固醇排出的卵磷脂、可以防止胆固醇氧化的维生素E以及植物性蛋白质很重要。

对症配方01

苹果　　　　牛蒡　　　　黄彩椒　　　　橄榄油

有效成分

苹果能降低血清胆固醇，牛蒡能促使血液中胆固醇的水平降低，黄彩椒能抑制胆固醇的吸收，橄榄油能降低血清胆固醇，四者结合能很好地缓解高胆固醇症状。

材料 （成品200~300毫升）

苹果.................150克
牛蒡..................50克
黄彩椒...............20克
橄榄油................5毫升

制作

1. 洗净的苹果对半切开，去核，切成块。
2. 牛蒡去皮，洗净，切成块。
3. 洗净的黄彩椒去蒂，去籽，切成块。
4. 将所有材料放入榨汁机中，搅拌至细滑。

牛蒡中所含的绿原酸。
绿原酸可以抑制脂肪的堆积，还
能抑制胆固醇的吸收，从而预防
脂肪肝。

黄瓜 ＋ 欧芹 ＋ 苹果 ＋ 蜂蜜

有效成分

　　黄瓜是有效的抗胆固醇食物，欧芹可降低总胆固醇，苹果能去除多余的脂肪，蜂蜜能降低血脂，四者结合能降低血液中的低密度脂蛋白含量。

材料（成品200~300毫升）

黄瓜.....................165克

欧芹.....................40克

苹果.....................30克

蜂蜜.....................5克

制作

1. 洗净的黄瓜切成块。
2. 洗净的欧芹切成块。
3. 洗净的苹果对半切开，去核，切成块。
4. 将所有材料放入榨汁机中，搅拌至细滑。

Tips

　　黄瓜是一种可以美容的瓜菜，被称为"厨房里的美容剂"，经常食用或贴在皮肤上可有效地对抗皮肤老化，减少皱纹的产生，并可防止唇炎、口角炎。黄瓜还是很好的减肥品，想减肥的人可多吃黄瓜。但千万记住，一定要吃新鲜的黄瓜而不要吃腌黄瓜，因为腌黄瓜含盐量高，反而会发胖。

苹果中所含的多酚能
够减少坏胆固醇的数量，具有防
止脂肪堆积在血管内的功效。

动脉硬化

不堆积中性脂肪的食材让你的血管变得柔韧。
优势营养素：膳食纤维、维生素E、油酸。

充分摄取能够促进血液循环的蔬菜和水果

　　动脉硬化是动脉因中性脂肪堆积而变硬或被堵塞，导致血液流动变差，将胆固醇的值正常化，摄取脂肪含量低的蔬菜和水果是有效预防动脉硬化的方法之一。

对症配方01

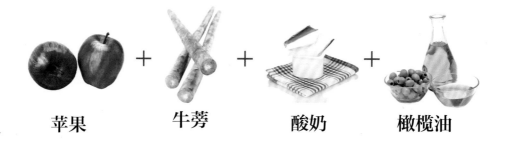

苹果　　　　＋　　　牛蒡　　　　＋　　　酸奶　　　　＋　　　橄榄油

有效成分

　　苹果能防治动脉粥样硬化，牛蒡能增加血管弹性，酸奶能降低血清胆固醇含量，橄榄油能降低体内低密度胆固醇含量，四者搭配能预防动脉粥样硬化。

材料 （成品200~300毫升）

苹果.....................170克

牛蒡.....................40克

酸奶.................30毫升

橄榄油.................5毫升

制作

1. 洗净的苹果对半切开，去核，切成块。

2. 牛蒡去皮，洗净，切成块。

3. 将所有材料放入榨汁机中，搅拌至细滑。

Tips!

牛蒡中所含的绿原酸
具有稀释血液的效果，能有效
预防动脉硬化。

小油菜 + 牛油果 + 菠萝

有效成分

　　小油菜能有效发挥预防动脉粥样硬化的作用，牛油果可阻止动脉粥样硬化的进展，菠萝能降低胆固醇和三酰甘油，三者搭配能缓解动脉硬化症状。

材料（成品200~300毫升）

小油菜.................100克
牛油果.................70克
菠萝.....................60克

制作

1. 洗净的小油菜切碎，下入沸水中焯煮至熟，捞出，沥干水分。
2. 牛油果对半切开，去核，切成块。
3. 去皮的菠萝切成块。
4. 将所有材料放入榨汁机中，搅拌至细滑。

Tips

　　对于女性来说，牛油果最重要的是富含抗衰老营养素，牛油果最大的好处应该是美容护肤；对宝宝来说可以促进脑细胞的发育，提高记忆力，是婴幼儿的完美辅食；而男性食用牛油果可以起到保护心血管和肝脏的功效。

Tips!

小油菜中所含的叶绿
素有强力的抗氧化作用和杀菌
作用，具有降低血液中的胆固
醇的功效。

记忆力减退

有抗氧化作用的维生素 E 和中链脂肪酸等能让你的大脑活力满满。
优势营养素：维生素 B_1、维生素 E、钙、镁。

对于记忆力减退，要把预防放在第一位

记忆力减退是指脑细胞由于某种原因死亡，或者功能减退，导致日常生活出现障碍的症状和状态。虽然轻度的记忆力减退有可能得到改善，但最重要的还是预防。研究结果显示，能够防止脑细胞氧化的维生素 E，以及如牛奶和乳制品等含有丰富的钙、镁的食品可以预防记忆力减退，建议多摄取这些食品。

对症配方01

南瓜 + 黑芝麻 + 咖啡粉 + 炼乳 + 椰子油

有效成分

南瓜能帮助提高免疫力，黑芝麻能预防脑梗死，咖啡粉有抗氧化作用，炼乳排毒能力很强，椰子油能溶血栓，五种食材搭配可起到强化大脑功能的效果。

材料 （成品200~300毫升）

南瓜	130克
黑芝麻	30克
咖啡粉	10克
炼乳	30克
椰子油	6毫升

制作

1. 洗净去皮的南瓜切成块，下入沸水中焯煮至熟，捞出，沥干水分。
2. 将南瓜、黑芝麻、炼乳、椰子油放入榨汁机中，搅拌至细滑，倒入杯中，撒上咖啡粉即可。

黑芝麻中富含的维生
素E是良好的抗氧化剂，还有
具有润肤养颜的功效。

蓝莓 + 芹菜 + 牛奶

有效成分

蓝莓对脑有益，芹菜能稀释血液，牛奶能预防和缓解阿尔茨海默病，三者结合能改善大脑的血液循环。

材料 （成品200~300毫升）

蓝莓..................... 160克
芹菜..................... 30克
牛奶.................. 50毫升

制作

1. 用清水洗净蓝莓，沥干水分。
2. 洗净的芹菜切成块，下入沸水中焯煮至熟，捞出，沥干水分。
3. 将所有材料放入榨汁机中，搅拌至细滑，倒入杯中，铺上蓝莓，点缀上罗勒叶即可。

Tips

喝牛奶，对于孕妇来说可以补充钙质，对于儿童来说可以促进骨骼发育成长，对于老年人来说（特别是骨质疏松的老年人）更是大有裨益。牛奶中所含的铁、铜和卵磷脂能大大提高大脑的工作效率。

蓝莓中的花青素是一种多酚，花青素是紫色的色素，具有防止老化和缓和脑的压力的功效。

体臭

防止皮脂的氧化，增加肠内的有益菌，彻底消除令人在意的臭味。
优势营养素：维生素 C、维生素 E、儿茶素、乳酸菌。

恼人的臭味不仅男性有，女性也有

体臭，不仅男性有，女性也有。体臭是由于体内活性氧的增加导致皮脂氧化而引起的，因此，治疗的重点是防止皮脂氧化。摄取具有防止皮脂氧化效果的多酚、可以减少肠内有害菌的乳酸菌、可以防止老化的维生素 C 和维生素 E 等，从身体内部应对体臭。

对症配方01

牛油果　　　绿茶　　　青紫苏　　　椰子油　　　枫糖浆

有效成分

牛油果可产生出类似于氢气的春菊香味，绿茶使体味清淡幽香，青紫苏含有去除臭味的物质，椰子油能让体表散发出奶香来，枫糖浆有助于新陈代谢，五者结合能使肌肤润泽、体味郁香。

材料（成品200~300毫升）

牛油果..............170 克

绿茶..............30 毫升

青紫苏..............20 克

椰子油..............7 毫升

枫糖浆..............15 毫升

制作

1. 牛油果对半切开，去核，切成块。
2. 洗净的青紫苏切成块。
3. 将所有材料放入榨汁机中，搅拌至细滑。

Tips!

绿茶中所含的儿茶素
是多酚的一种，具有中和臭味的
功效，可以预防体臭。

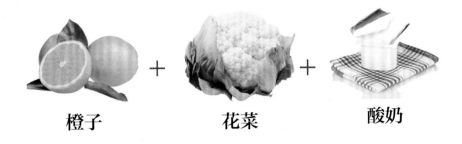

橙子 + 花菜 + 酸奶

有效成分

　　橙子能调节情绪；花菜不仅能增香，还可减肥；酸奶可避免体液变酸。三者结合能减轻体臭。

材料 （成品200~300毫升）

橙子..................150克
花菜...................60克
酸奶...............30毫升

制作

1. 橙子去皮，切成块。
2. 洗净的花菜切成朵，下入沸水中焯煮至熟，捞出，沥干水分。
3. 将所有材料放入榨汁机中，搅拌至细滑。

Tips

　　对于女性来说，多吃橙子还有一个令她们意想不到的好处，就是减少胆结石的发病率。橙子皮又叫黄果皮，除含果肉中的成分外，胡萝卜素含量较多，可作为健胃剂、芳香调味剂；橙皮还含一定的橙皮油，对慢性支气管炎有效。

Tips!

酸奶中所含的益生菌
有增加肠蠕动，刺激胃液分泌，
并抑制癌细胞增殖的作用。

更年期综合征

利用能够调节激素的食材来缓解令人不快的更年期症状。
优势营养素：钙、维生素 D、异黄酮。

补充女性激素，舒适度过更年期

更年期会出现焦躁不安、抑郁、潮热、上火等各种各样的症状。女性激素——雌性激素的减少导致激素平衡紊乱是引发更年期障碍的原因。建议多多摄取可以维持雌激素的维生素 D、可以消除焦躁不安的钙、有着与雌性激素相似功能的异黄酮，以此来预防和减轻更年期的各种症状。

对症配方01

石榴　　　　　　　玉米　　　　　　　酸奶

有效成分

石榴能提高免疫力，玉米具有维持人体代谢的功能，酸奶可增进食欲，三者搭配能有效改善更年期的各种不适症状。

材料（成品200~300毫升）

石榴.................. 160克
玉米.................. 40克
酸奶.................. 20毫升

制作

1. 石榴切开，把果肉剥下。
2. 去皮的玉米洗净，剥成粒，下入沸水中焯煮至熟，捞出，沥干水分。
3. 将所有材料放入榨汁机中，搅拌至细滑，倒入杯中，最后点缀上石榴粒和薄荷叶即可。

Tips!
石榴中所含的单宁酸
是多酚的一种。单宁酸能预防
和改善生活习惯病，紧致肌肤，
美白的效果也令人期待。

小油菜　　　　黑芝麻　　　　可可粉　　　　豆浆

有效成分

　　小油菜有助于保持精力充沛，可可粉可让人的情绪保持稳定，黑芝麻具有抑制脑神经兴奋的作用，豆浆对内分泌系统具有很好的调节作用，四者结合能缓解各种不适症状。

材料（成品200~300毫升）

小油菜..............130克

黑芝麻...............30克

可可粉...............15克

豆浆.................40毫升

制作

1. 洗净的小油菜切碎。
2. 将所有材料放入榨汁机中，搅拌至细滑。

Tips

　　黑芝麻含有丰富的维生素E，而维生素E不仅有良好的抗氧化作用，而且对人体的生育功能具有良好的促进作用，对于男性可以使精子数量增加、精子活力增强，对于女性能够使雌性激素浓度提高，因此又称"生育酚"。

Tips!

黑芝麻中所含的芝麻
酚有抗氧化的作用，可以防止身
体的氧化，具有缓解更年期不适
症状的功效。

痛经

食用能够改善血液运行的铁元素和有助于消除不安的蔬菜和水果，击退头痛和腹痛。

优势营养素：铁元素、钙、B 族维生素。

B 族维生素和钙可以缓解痛经

随着生理期的到来，子宫内膜上一种叫作"前列腺素"的物质会增多，这种物质分泌过量就会引起痛经。痛经的症状因人而异。想要缓解腹痛、腰痛和头痛等不适的症状，就要摄取 B 族维生素和钙。此外，铁元素不足也会加重痛经，需要引起注意。

对症配方01

香蕉 ＋ 生菜 ＋ 无花果干

有效成分

香蕉能减轻疼痛，生菜能驱寒利尿，无花果干能通经催乳，三者搭配能缓解疼痛。

材料（成品 200~300 毫升）

香蕉....................170 克
生菜....................30 克
无花果干..............25 克

制作

1. 香蕉去皮，切成片。
2. 洗净的生菜切碎。
3. 将所有材料放入榨汁机中，搅拌至细滑。

Tips!

香蕉中所含的 B 族维生素能够产生使人放松的效果，它也能改善情绪和减小压力。女性吃香蕉另有好处，就是能缓解"经前期综合证"。

菠菜 + 酸奶 + 花生酱

有效成分

菠菜能温中止痛，酸奶具有益气养血的功效，花生酱可化瘀止痛，三者搭配能温经散寒。

材料（成品200~300毫升）

菠菜..................150克
酸奶..................30毫升
花生酱..................20克

制作

1. 菠菜洗净，切成段，下入沸水中焯煮至熟，捞出，沥干水分。
2. 将所有材料放入榨汁机中，搅拌至细滑。

Tips

女性的体质天生就偏弱，如果在后天不进行保养的话，就会出现经常生病的情况。这个时候女性可以通过喝酸奶来提高免疫力，因为酸奶中含有乳酸菌，它可以产生一些增强免疫功能的物质，可以提高人体免疫力，防止疾病的发生。

体寒怕冷

食用能够改善血液运行、温暖身体的食材，让身体由内而外暖洋洋的。
优势营养素：维生素 E、蒜素、柠檬酸。

有些症状是因寒证而起的，要引起注意

寒证以女性居多，血液运行不良以及激素、自主神经的平衡紊乱是其主要原因。建议摄取能够促进血液运行的维生素 E、能够促进新陈代谢的蒜素和可以改善血液流通的柠檬酸。寒证不是病，但是放任不管的话可能会造成肩酸、腰痛、水肿、失眠等。不要想着"只不过是寒证罢了"而小看寒证，尽早预防很重要。

对症配方01

南瓜　　　　　橙子　　　　　柿子　　　　　洋葱

有效成分

南瓜能补虚益气，橙子可增强体质，柿子具有御寒的功效，洋葱能温中暖下，四者结合能更好地对抗体寒怕冷。

材料（成品200~300毫升）

南瓜....................100克
橙子....................60克
柿子....................50克
洋葱....................20克

制作

1. 洗净的南瓜去皮，切成块，下入沸水中焯煮至熟，捞出，沥干水分。
2. 橙子去皮，切成块；洗净的柿子去蒂，切成块；洗净的洋葱切成块。
3. 将所有材料放入榨汁机中，搅拌至细滑。

牛油果　　　　　杏仁　　　　　胡萝卜　　　　　豆浆

有效成分

　　牛油果含有保护肝脏的有效化学成分，杏仁能提高机体的免疫力，胡萝卜具有补血的功效，豆浆有抗寒的能力，四者结合能缓解体寒怕冷的症状。

材料（成品200~300毫升）

牛油果..............170克
胡萝卜..............30克
杏仁..................40克
豆浆..................20毫升

制作

1. 牛油果对半切开，去核，切成块。
2. 洗净的胡萝卜去皮，切成块。
3. 将所有食材放入榨汁机中，搅拌至细滑，装杯，点缀上薄荷叶即可。

Tips

　　对于男性而言，豆浆中含有豆固醇、不饱和脂肪酸和卵磷脂，这些物质可帮助降低血液中胆固醇的浓度，预防多种心脑血管疾病；对于女性来说，豆浆中所含的硒及维生素E、维生素C有很强的抗氧化功能，能使人体的细胞"返老还童"，其中对脑细胞作用最大。

眼睛疲劳

花青素和维生素 C 能对视觉疲劳起到一定的缓解作用。
优势营养素：维生素 A、维生素 B_1、维生素 C、花青素。

维生素 A 等对缓解视觉疲劳有效

长时间看电脑和智能手机，不知不觉中就会用眼过度，这也成了眼睛疲劳的主要原因。建议多摄取含有能够保护眼睛的维生素 A、能够强化视神经的维生素 B_1、眼睛的晶状体中也含有的维生素 C、可缓解眼睛疲劳并促进眼睛活力的花青素。

对症配方01

蓝莓　　　　　橙子　　　　　小油菜

有效成分

蓝莓能保护眼睛，橙子能预防眼干燥症，小油菜可减轻眼睛干涩不适的症状，三者搭配能消除眼睛的疲劳。

材料（成品 200~300 毫升）

蓝莓....................155 克

橙子.....................35 克

小油菜.................20 克

制作

1. 用清水洗净蓝莓，沥干水分。
2. 橙子去皮，切成块。
3. 洗净的小油菜切成段。
4. 将所有材料放入榨汁机中，搅拌至细滑。

Tips!

蓝莓中所含的花青素有抗氧化作用，还具有改善视力、消除活性氧的功效。

口腔炎

由于营养不良和压力导致的口腔炎可以利用丰富的维生素来抑制炎症。
优势营养素：维生素A、维生素B_2、维生素B_6、维生素C、维生素E。

摄取维生素，保护口腔黏膜

　　口腔炎是发生在口腔内部的炎症，营养不良和精神压力被认为是引发口腔炎的主要原因。发生口腔炎的位置不一样，疼痛的程度也不一样，但一般而言，一两个小时之内就会好转。建议摄取可以保护口腔黏膜和抑制炎症的维生素A、维生素B_2、维生素B_6和可以强化黏膜的维生素C。另外，保持口腔内部的清洁也很重要。

对症配方01

草莓　　　　　　　牛油果　　　　　　　菠菜

有效成分

　　草莓可有效治疗口腔溃疡，牛油果能消炎止血，菠菜能清热解毒，三者搭配可缓解口腔炎的症状。

材料（成品200~300毫升）

草莓..................160克
牛油果..................20克
菠菜..................15克

制作

1. 洗净的草莓去蒂，对半切开。
2. 牛油果对半切开，去核，去皮，切成块。
3. 洗净的菠菜切成段，下入沸水中焯煮至熟，捞出，沥干水分。
4. 将所有材料放入榨汁机中，搅拌至细滑，装杯，点缀上麦片即可。

Tips!

菠菜中所含的叶绿素
具有很强的抗氧化作用
和杀菌作用，可以预防
口腔炎。

圣女果　　　　红彩椒　　　　夏橙　　　　香蕉

有效成分

　　圣女果有利于排毒，红彩椒可抗病毒，夏橙能清热生津，香蕉有助于保护伤口，四者搭配对治疗口腔炎大有帮助。

材料（成品200~300毫升）

圣女果................ 145 克

红彩椒..................65 克

夏橙.................... 30 克

香蕉....................25 克

制作

1. 洗净的圣女果去蒂，对半切开。

2. 洗净的红彩椒去蒂、去籽，切成块。

3. 夏橙去皮，切成块；去皮的香蕉切成片。

4. 将所有材料放入榨汁机中，搅拌至细滑。

Tips

　　香蕉果肉中的甲醇提取物对细菌、真菌有抑制作用，可消炎解毒；香蕉中含有的镁有一个突出的"贡献"，就是提高精子的活力，增强男性生育能力，由于香蕉非常容易被人体消化、吸收，因此从小孩到老年人都可安心地食用。

皮肤粗糙

皮肤粗糙多由肌肤水油平衡失调、新陈代谢能力下降所导致。
优势营养素：维生素 C、矿物质、维生素 E、亚油酸。

当体内的维生素 A 和 B 族维生素缺乏时易导致皮肤粗糙

日常生活中，强烈的紫外线照射，干燥环境的影响，工作压力大，不良的生活习惯如熬夜、吃快餐、吸烟等因素都会导致我们的肌肤越来越干燥，若长期得不到改善，就会出现干裂粗糙的现象。皮肤粗糙是人体衰老的表现之一。

对症配方01

胡萝卜　　　　　　香蕉　　　　　　牛奶

有效成分

胡萝卜具有抗氧化作用，香蕉能使肌肤柔软，牛奶可促进新陈代谢，三者搭配能起到防止皮肤粗糙的效果。

材料（成品200~300毫升）

胡萝卜................155 克
香蕉...................45 克
牛奶...................30 毫升

制作

1. 洗净的胡萝卜去皮，切成块。
2. 去皮的香蕉切成片。
3. 将所有材料放入榨汁机中，搅拌至细滑。

Tips!

香蕉中富含的维生素 A
能有效维护皮肤的健康，对手足
皮肤裂口十分有效，而且还能令
皮肤光润细滑。

对症配方02

小油菜　　　　牛油果　　　　蔓越莓　　　　蜂蜜

有效成分

　　小油菜能润肤美容，牛油果可防止皮肤粗糙，蔓越莓能净化血液，蜂蜜可使细胞功能活性化，四者结合能促进肌肤的新陈代谢。

材料（成品200~300毫升）

小油菜................. 135克
牛油果................. 50克
蔓越莓................. 20克
蜂蜜..................... 10克

制作

1. 洗净的小油菜切成段，下入沸水中焯煮至熟，捞出，沥干水分。
2. 牛油果对半切开，去核，去皮，切成块；洗净的蔓越莓去蒂，对半切开，去籽。
3. 将所有材料放入榨汁机中，搅拌至细滑。

Tips

　　女性喝蜂蜜的好处还包括延长寿命，因为蜂蜜能够对我们的身体进行综合调养，有效地促进人体器官的新陈代谢，延缓身体出现衰老；吃蜂蜜对孩子咳嗽也有很好的疗效，它不仅能够治咳嗽，对肺也有好处。

缓解疲劳

对于令人困扰的疲劳，维生素 C 和柠檬酸助你夺回元气。
优势营养素：维生素 B_1、维生素 B_6、维生素 B_{12} 等 B 族维生素。

增强代谢，不积累疲劳物质

　　体内维生素 B_1 和维生素 C 等不足会造成的疲劳，吃富含这些营养素的蔬菜和水果来提高能量的代谢，能让疲劳物质变得不容易产生。可多食富含具有分解疲劳物质并将其排出体外的柠檬酸，山药中的黏液成分粘黏素对消除疲劳也有效。

对症配方01

 +  + 苹果醋 +

红彩椒　　　**葡萄柚**　　　**苹果醋**　　　**蜂蜜**

有效成分

　　红彩椒有助于消除疲劳，葡萄柚可促使体力恢复，苹果醋能促进新陈代谢，蜂蜜能给大脑供氧，四者搭配能有效消除疲劳。

材料（成品 200~300 毫升）

红彩椒................100 克
葡萄柚................100 克
苹果醋..............20 毫升
蜂蜜..................10 毫升

制作

1. 洗净的红彩椒去蒂、去籽，切成块。
2. 葡萄柚去皮，切成块。
3. 先将红彩椒放入榨汁机中，搅拌至细滑，倒入杯中，再将葡萄柚倒入榨汁机中，搅拌至细滑，倒入杯中，加入苹果醋，淋上蜂蜜，点缀上罗勒叶即可。

山药 + 香蕉 + 橙子 + 豆浆

有效成分

山药能改善血液循环，香蕉能促进肌肉代谢，橙子能缓解精神紧张，豆浆能增强眼肌的调节能力，四者搭配能有效减轻视疲劳。

材料（成品200~300毫升）

山药.......................85克
香蕉.......................70克
橙子.......................60克
豆浆..................20毫升

制作

1. 洗净的山药去皮，切成块，下入沸水中焯煮至熟，捞出，沥干水分。
2. 去皮的香蕉切成片。
3. 橙子去皮，切成块。
4. 将所有材料放入榨汁机中，搅拌至细滑。

Tips

脑力劳动者常吃橙子可以帮助维持大脑活力，缓解视力疲劳；儿童吃橙子有助于开胃；女性吃橙子有利于美容养颜。橙子中含有大量的维生素 C，可以促进人的大脑发育，因此孕妇吃橙子有助于胎儿大脑发育，提高胎儿智力。

贫血

铁元素含量多的食材与维生素C搭配一起吃，能够有效预防贫血。
优势营养素：铁元素、维生素C、叶酸。

摄取充分的铁元素用以造血

贫血是血液中的红细胞和血色素的量变得比正常情况少而引起的。铁元素不足是贫血的主要原因，因此，摄取富含铁元素的食材是很有必要的，最好同时摄取可以促进铁元素吸收的维生素C。除此之外，同时摄取被称为"造血维生素"的叶酸，有望得到双倍的效果。

对症配方01

菠菜　　　　　　　柿子　　　　　　　橙子

有效成分

菠菜能改善贫血，柿子能活血止痛，橙子可促进血红蛋白再生，三者搭配可防治缺铁性贫血。

材料（成品200~300毫升）

菠菜....................160克
柿子......................30克
橙子......................20克

制作

1. 洗净的菠菜去头，切成段，下入沸水中焯煮至熟，捞出，沥干水分。
2. 洗净的柿子去蒂，切成块。
3. 橙子去皮，切成块。
4. 将所有材料放入榨汁机中，搅拌至细滑。

Tips!

菠菜中所含的叶绿素
具有将氧气运输到全身的作用，
对贫血的改善值得期待。

对症配方02

 +  +

猕猴桃　　　　　欧芹　　　　　草莓

有效成分

　　猕猴桃有养颜美容的功效，欧芹可改善贫血病人造血系统的生理功能，草莓可养血，三者搭配能改善贫血症状。

材料（成品200~300毫升）

猕猴桃..................130 克
欧芹......................50 克
草莓......................30 克

制作

1. 猕猴桃去皮，切成片。
2. 洗净的欧芹切成块，下入沸水中焯煮至熟，捞出，沥干水分。
3. 洗净的草莓去蒂，对半切开。
4. 将所有材料放入榨汁机中，搅拌至细滑，倒入杯中，点缀上猕猴桃片即可。

Tips

　　草莓富含钾、锰和一些重要的矿物质，有助于促进骨骼生长和保持健康，很适合孩子吃；草莓含有非瑟酮，这是一种自然产生的类黄酮，能刺激神经信号通路，有助于提高记忆力，帮助老年人延迟记忆衰退。

Tips!

草莓中所含的铁
可以有效地预防贫血。

失眠

多摄取富含能生成安定神经、诱导睡眠的血清素的食物，促进优质睡眠。

优势营养素：维生素 B_6、色氨酸。

摄取可以安定、放松精神的食物

"明明很困却睡不着" "感觉睡得不好" 等失眠的症状多种多样，精神上的压力或者身体上的某种疾病等被认为是造成失眠的主要原因。维生素 B_6 能够生成安定精神所必需的血清素，有效地改善睡眠。另外，含有色氨酸的香蕉、牛奶、杏仁等食材也能有效改善睡眠。

对症配方01

 +  +

香蕉 **苹果** **牛奶**

有效成分

香蕉有清除心烦的作用，苹果有镇静安眠的作用，牛奶可催人熟睡，三者搭配能使人安睡。

材料（成品200~300毫升）

香蕉...................120 克
苹果...................80 克
牛奶...................30 毫升

制作

1. 去皮的香蕉切成片。
2. 洗净的苹果切开，去核，切成块。
3. 将所有材料放入榨汁机中，搅拌至细滑，倒入杯中，点缀上香蕉片即可。

Tips!

苹果中所含的果胶是膳
食纤维的一种，果胶有助于消除
疲劳和增强体力。另外，苹果的
果香味具有放松的效果，能起到
镇静的作用。

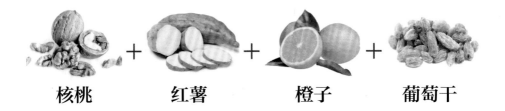

核桃 + 红薯 + 橙子 + 葡萄干

有效成分

　　核桃具有减除血液静压的作用，饮食习惯的改变能更好地帮助我们的身体应对外界压力，通过食用核桃，可以对因为肾虚所导致的失眠起到很好的治疗功效。

材料（成品200~300毫升）

核桃..................120克
红薯..................60克
橙子..................30克
葡萄干..................10克

制作

1. 核桃去壳，切碎；洗净去皮的红薯切成块；橙子去皮，切成块。
2. 将所有材料放入榨汁机中，搅拌至细滑，倒入杯中，点缀上杏仁即可。

Tips

　　红薯含有大量膳食纤维，在肠道内无法被消化吸收，能刺激肠道，增强蠕动，通便排毒，尤其对老年性便秘有较好的疗效；女性多吃红薯能预防疾病。此外，它还含有一种类似雌性激素的物质，对保护人体皮肤、延缓衰老有一定的作用。

便秘

老年人基本上都会出现排便异常，便秘容易引发许多其他疾病。

优势营养素：膳食纤维、维生素C。

多吃富含膳食纤维的蔬菜，多食香蕉、梨、西瓜等水果，以增加大便的体积

对于便秘的预防和消除，常吃含有丰富的膳食纤维的蔬菜和水果很有效。膳食纤维有水溶性和非水溶性两大类，水溶性膳食纤维溶于水，可以让粪便变得柔软；非水溶性膳食纤维会在肠道内膨胀，增加粪便的体积，从而促进排便。

对症配方01

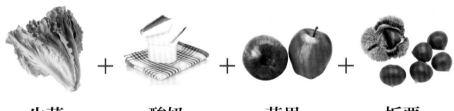

生菜 + 酸奶 + 苹果 + 板栗

有效成分

生菜能润滑肠道，酸奶能促进肠道蠕动，苹果能润肠通便，板栗可防治便秘，四者结合有利于缓解便秘。

材料（成品200~300毫升）

生菜..................100克
酸奶..................50毫升
板栗..................40克
苹果..................40克

制作

1. 洗净的生菜切成段。
2. 板栗去皮，对半切开。
3. 洗净的苹果切开，去核，切成块。
4. 先将生菜放入榨汁机内，搅拌至细滑，倒入杯中，再将板栗、苹果放入榨汁机内，搅拌至细滑，倒入杯中，最后盖上一层酸奶即可。

Tips!

酸奶中所含的短链脂肪酸可促进肠道蠕动及菌体大量生长，改变渗透压，从而防止便秘。

上火

对于更年期综合征症状之一的潮热或者上火，要调节自主神经。

优势营养素：B 族维生素、维生素 E、钙、镁。

提高女性激素的功能是关键

潮热和上火的主要原因被认为是更年期障碍导致的女性激素的平衡紊乱，或是精神上的压力、紧张等导致的自主神经的紊乱。建议多摄取对更年期症状有效的 B 族维生素、可以消除焦躁不安情绪的钙和镁来缓解不适的症状。

对症配方01

蓝莓　　　　猕猴桃　　　　小油菜　　　　蜂蜜

有效成分

蓝莓能清热镇静，猕猴桃能清热降火，小油菜能润喉去燥，蜂蜜能提高免疫力，四者搭配能清热解毒。

材料（成品200~300毫升）

蓝莓..................160克

猕猴桃..................50克

小油菜..................15克

蜂蜜..................10毫升

制作

1. 用清水洗净蓝莓，沥干水分。

2. 猕猴桃去皮，切成块。

3. 洗净的小油菜切成段，下入沸水中焯煮至熟，捞出，沥干水分。

4. 将所有材料放入榨汁机中，搅拌至细滑，倒入杯中，装饰上薄荷叶即可。

獭猴桃中所含的膳食
纤维具有助消化、排毒素、
防止便秘的作用，能有效
清除及预防体内堆积的有
害代谢物。

对症配方02

茼蒿　　　　　猕猴桃　　　　　黑豆

有效成分

　　茼蒿能消暑去火，猕猴桃能生津润燥，黑豆能滋阴降火，三者搭配具有泻火和解毒的功效。

材料（成品200~300毫升）

猕猴桃.................100 克
茼蒿.....................60 克
黑豆.....................40 克

制作

1. 洗净的茼蒿切成段，下入沸水中焯煮至熟，捞出，沥干水分；猕猴桃去皮，切成块；黑豆下入沸水中焯煮至熟，捞出，沥干水分。

2. 把茼蒿、猕猴桃分别放入榨汁机中，搅拌至细滑，依次倒入杯中，最后铺上黑豆，点缀上罗勒叶即可。

Tips

　　黑豆中的不饱和脂肪酸在人体中能转化成卵磷脂，帮助脂肪代谢，黑豆对于患动脉硬化的中老年人来说，是一种理想的保健品；女性多食用黑豆，还可以祛湿排毒，具有良好的美容养颜功效。

水肿

利用含钾多的蔬菜和水果调节体内盐分与水分的平衡，清除水肿。
优势营养素：钾、维生素E、柠檬酸。

排出体内多余的水分可以消除水肿

"总感觉脸有点肿""脚肿肿的"等水肿现象是因为体内的水分积聚而引起的。想要消除水肿，就要多摄取含钙多的食材，以及有利尿作用的西瓜和芹菜等蔬菜。除此之外，还推荐摄取可以促进血液运行的维生素E和可以增强代谢的柠檬酸等。

对症配方01

芹菜　　　　+　　　　红彩椒　　　　+　　　　西瓜

有效成分

芹菜含具有利尿作用的有效成分，能消除体内水钠潴留，利尿消肿，红彩椒能促进新陈代谢，西瓜具有利尿除烦的功效，三者结合能够缓解水肿。

材料（成品200~300毫升）

芹菜.....................145克
红彩椒..................40克
西瓜.....................30克
无花果干、蓝莓、树莓
.........................各少许

制作

1. 洗净的芹菜切成段，下入沸水中焯煮至熟，捞出，沥干水分。
2. 洗净的红彩椒去蒂，去籽，切成块。
3. 西瓜去皮，切成块。
4. 将芹菜放入榨汁机内，搅拌至细滑，倒入杯中，再将红彩椒、西瓜放入榨汁机内，搅拌至细滑，倒入杯中，点缀上无花果干、蓝莓、树莓即可。

Tips!

西瓜中所含的不饱和
脂肪酸有生津、除烦、止渴、
利小便的功效，适宜于高血压、
水肿以及中暑发热等
症状。

杏仁 + 红薯 + 橙子

有效成分

　　杏仁含有丰富的黄酮类和多酚类成分，这种成分不但能够降低人体内胆固醇的含量，还能显著降低心脏病和很多慢性病的发病危险，从而减少水肿的出现。

材料（成品200~300毫升）

杏仁....................170 克
红薯......................30 克
橙子......................20 克

制作

1. 杏仁去壳，切成碎。
2. 熟红薯去皮，切成块。
3. 橙子去皮，切成丁。
4. 将红薯、橙子、部分杏仁放入榨汁机中，搅拌至细滑，撒上剩下的杏仁，点缀上薄荷叶即可。

Tips

　　杏仁有降气、止咳、平喘、润肠通便的功效，对于预防孕期便秘非常有好处；吃杏仁还可预防支气管炎，对皮肤瘙痒也具有很好的止痒作用，身体比较虚弱的人可以多吃杏仁，有强健身体的作用。

Tips!

红薯有健脾胃、强肾
阳的功效，有助于调理腰酸、
四肢发冷、水肿等肾阳虚症状。

Part 3
让心情好的思慕雪

思慕雪是一种健康饮品，也是一种富含维生素的小吃或甜点，年轻女性可以用作代餐。让我们美好的一天，从一杯思慕雪开始吧！

消除压力

抑制神经的兴奋，安定精神，让身心都得到放松。
优势营养素：钙、维生素C、蛋白质。

调节自主神经，让你从压力中解放出来

过大的压力会引起自主神经的紊乱，给身体带来各种各样的不适。建议灵活地摄取消除焦躁不安所不可或缺的钙、可以安定精神且具有放松效果的维生素C等。此外，感到有压力时蛋白质就会被快速消耗，建议有意识地摄取优质的蛋白质。

对症配方01

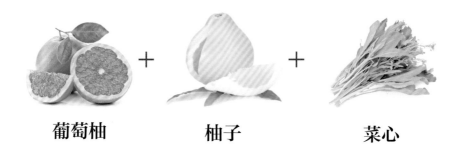

葡萄柚　　　＋　　　柚子　　　＋　　　菜心

有效成分

葡萄柚含有丰富的纤维组织，可以帮助保持胃畅通，柚子有理气除烦之效，菜心能缓解郁闷情绪，三者结合对消除压力能起到一定的作用。

材料（成品200~300毫升）

葡萄柚................160克
柚子....................60克
菜心....................30克

制作

1. 葡萄柚去皮，切成块。
2. 柚子去皮，切成块。
3. 洗净的菜心切成段，下入沸水中焯煮至熟，捞出，沥干水分。
4. 将所有材料放入榨汁机中，搅拌至细滑。

葡萄柚中所含的柠檬
酸能增加体内的疲劳物质——乳
酸的代谢，因此有助于缓解压力
和疲劳。

对症配方02

草莓 + 旱芹 + 牛奶

有效成分

草莓有助于增强免疫系统，旱芹具有安神的作用，牛奶可以缓解心脏疲劳，三者结合能对减轻压力有一定的作用。

材料 （成品200~300毫升）

草莓..................120克
旱芹..................80克
牛奶..................30毫升

制作

1. 洗净的草莓去蒂，对半切开。
2. 洗净的旱芹切成段，下入沸水中焯煮至熟，捞出，沥干水分。
3. 将所有材料放入榨汁机中，搅拌至细滑。

Tips

每100克草莓中含有50~100毫克维生素C，比苹果、葡萄等水果高10倍以上。草莓中还含有大量的维生素E及多酚类抗氧化物质，这些营养物质都可以抵御高强度的辐射，减少紫外线辐射对皮肤造成的损伤，缓解皮肤发生脂质氧化、干燥和红斑等现象。

缓解抑郁

可改善精神障碍，使人的心理焦虑得到缓解。
优势营养素：胡萝卜素、番茄红素。

补充维生素 B_{12}、维生素 C、烟酸等

多吃红色食物能有效缓解抑郁情绪。红色食物如西红柿、红辣椒、西瓜等是改善焦虑情绪的天然药物，因为红色食品中含有丰富的 β - 胡萝卜素和番茄红素。红色蔬果在视觉上也能给人刺激，使精神振奋。所以，红色食物是抑郁症患者的首选。

对症配方01

西红柿　　　　　西瓜　　　　　草莓

有效成分

西红柿可缓解生气后造成的胸腹胀满和疼痛，西瓜有助于平衡中枢神经系统，草莓中含有大量的铁质和叶酸，能减缓抑郁，三者结合能振奋情绪。

材料（成品200~300毫升）

西红柿.................80 克
西瓜.....................80 克
草莓.....................80 克

制作

1. 洗净的西红柿去蒂，切成块。
2. 西瓜去皮，切成块。
3. 洗净的草莓去蒂，切成块。
4. 将所有材料放入榨汁机中，搅拌至细滑。

草莓具有清新空气、
提神醒脑的作用，还有利于
缓解人们的精神紧张和心理
压力。

葡萄 + **卷心菜** + **生姜**

有效成分

葡萄能够有效保持机体的旺盛精力，卷心菜可改善精神障碍症状，生姜能消除失眠健忘、情绪焦虑等症状，三者结合能使人的心理焦虑减轻。

材料（成品200~300毫升）

葡萄.....................165 克
卷心菜..................40 克
生姜.....................30 克

制作

1. 洗净的葡萄对半切开，去籽。
2. 洗净的卷心菜切成块，下入沸水中焯煮至熟，捞出，沥干水分。
3. 洗净去皮的生姜切成块。
4. 将所有材料放入榨汁机中，搅拌至细滑，倒入杯中，点缀上几粒葡萄即可。

Tips

姜能够激发阳气，促进身体的代谢功能，从而去掉多余的"痰"和水，有助于女性达到瘦身和愉悦心情的效果；姜还能延缓男性机体的衰老，减少皮质醇的分泌，提高人的干劲和情绪。

静心助眠

失眠是由大脑中枢神经的兴奋和抑制过程平衡失调所致。

优势营养素：镁、色氨酸、氨基酸。

摄取可增进食欲、缓解疲劳、静心安神的食物

香蕉中富含的镁能有效放松身体，缓解失眠，睡前吃根香蕉有助于入睡。小米中含有的色氨酸能促进大脑分泌出使人昏昏欲睡的神经递质。

对症配方01

 +  +  +

香蕉　　　　红枣　　　　葵花子　　　牛奶

有效成分

香蕉中富含的镁能有效放松身体，缓解失眠，红枣能养血安神，葵花子能促进大脑分泌出使人昏昏欲睡的神经递质，牛奶能提高睡眠质量，四者结合能有效改善睡眠质量。

材料（成品200~300毫升）

香蕉..................170克

红枣..................30克

葵花子..................25克

牛奶..................20毫升

制作

1. 去皮的香蕉切成片。
2. 洗净的红枣去核，切成碎。
3. 葵花子去壳。
4. 将香蕉、红枣、部分葵花子放入榨汁机中，加入牛奶搅拌至细滑，撒上剩下的葵花子，点缀上薄荷叶即可。

Tips!

　　牛奶中含有一种可抑制
神经兴奋的成分，具有镇定安神的
作用，睡前饮用牛奶有助于睡眠，
可以使人快速进入梦乡，睡一个
　　踏实安稳的好觉。

对症配方02

莲藕　　　　　　橙子　　　　　　莴笋

有效成分

　　莲藕可清心安神，橙子具有镇静安神的功效，莴笋具有适度的镇静效果，三者结合能起到促进睡眠的作用。

材料（成品200~300毫升）

莲藕.....................100克
橙子.....................80克
莴笋.....................70克

制作

1. 洗净的莲藕切成片。
2. 橙子去皮，切成块。
3. 洗净去皮的莴笋切成片，下入沸水中焯煮至熟，捞出，沥干水分。
4. 先将莲藕放入榨汁机中，搅拌至细滑，倒入杯中，再将莴笋放入榨汁机中，搅拌至细滑，倒入杯中，最后将橙子放入榨汁机中，搅拌至细滑，倒入杯中即可。

Tips

　　女性吃莲藕能够有效地提高睡眠质量，这是因为莲藕具有安神清心的作用；莲藕中含有黏液蛋白和膳食纤维，所含的鞣质有一定的健脾止泻作用，能增进食欲、促进消化、开胃等，适合宝宝食用。

莴笋中含有多种维生素和矿物质，具有调节神经系统功能的作用，其所含的有机化合物中富含人体可吸收的铁元素，对缺铁性贫血病人十分有利。

101

调理神经衰弱

精神长期过度紧张，会导致大脑的兴奋和抑制功能失调。

优势营养素：蛋白质、维生素 B_1、维生素 E。

保持交感神经、副交感神经的平衡

　　掌控心脏的跳动、体温的调节等功能的不以自己的意志为转移的神经就是自主神经。想要调整自主神经，就要多摄入维生素 A、维生素 B_1、钙和镁。此外，缺锌会导致精神不安定，需要引起注意。

对症配方

菠菜　　　　大白菜　　　　花生　　　　豆浆

有效成分

　　菠菜可健脑益智，大白菜能补脑强心，花生有养心神、益心气的作用，豆浆是缓解神经衰弱、失眠的较理想的食物,四者结合能有效改善神经衰弱。

材料（成品200~300毫升）

菠菜....................100克

大白菜..................90克

花生......................50克

豆浆....................25毫升

制作

1. 洗净的菠菜去头，切成段，下入沸水中焯煮至熟，捞出，沥干水分。

2. 洗净的大白菜切成块，下入沸水中焯煮至熟，捞出，沥干水分。

3. 花生去壳，切碎。

4. 先将大白菜放入榨汁机中，搅拌至细滑，倒入杯中，再将菠菜放入榨汁机中，搅拌至细滑，倒入杯中，最后铺上花生碎，倒入豆浆即可。

花生中所含的维
生素E能增强记忆、
抗老化、延缓脑功能衰
退、滋润皮肤。

消除烦躁

摄取富含钙质的食物，使人的情绪保持稳定。

优势营养素：钙、维生素 B_6、维生素 B_{12}。

由脾气虚弱、肝气太盛影响了脾的运行功能所致烦躁

可适量食用大豆，因大豆中含有异黄酮，是一种类似雌激素的物质，对内分泌系统有良好的调节作用；适当在膳食中补充一定量的维生素有助于女性的精神调节，可选择燕麦、南瓜等食物。

对症配方

香蕉　　　＋　　　南瓜　　　＋　　　燕麦　　　＋　　　牛奶

有效成分

香蕉含有 B 族维生素，能够维持人体的血糖正常，从而缓和神经系统，达到镇定意识、放松身体的功效。因此，通过对神经系统的强化和放松，也能改善情绪和减小压力。

材料（成品200~300毫升）

香蕉..................130 克

南瓜....................50 克

燕麦....................30 克

牛奶..................20 毫升

制作

1. 去皮的香蕉切成片。

2. 洗净的南瓜去皮，切成块，下入沸水中焯煮至熟，捞出，沥干水分。

3. 将所有材料放入榨汁机中，搅拌至细滑。

香蕉中所含的血清素
能刺激神经系统，给人带来欢
乐、平静及瞌睡的信号，甚至
还有镇痛的效果。

疏肝解郁

忧虑就会导致肝郁，体内的气就不能发泄出来，身体就会胀痛。
优势营养素：B 族维生素、维生素 A、硫化物。

善于疏肝理气、化食消积

　　山楂含有熊果酸，能降低动物脂肪在血管壁的沉积，有一定的防止或减轻动脉硬化的作用。平时可用干山楂泡水喝，或在炖肉时加入山楂，既能调味，又能帮助消化，还能增加循环血量，增加肝细胞活力，有利于代谢废物的排除而收到护肝之效。

对症配方01

西蓝花　　　　芹菜　　　　青苹果　　　　山楂

有效成分

　　西蓝花中的维生素 C 含量极高，不但有利于人的生长发育，更重要的是能提高人体免疫力，促进肝脏解毒，增强体质，提高抗病能力。

材料 （成品 200~300 毫升）

西蓝花.................. 70 克
芹菜..................... 60 克
青苹果.................. 50 克
山楂..................... 20 克

制作

1. 洗净的西蓝花切成朵，下入沸水中焯煮至熟，捞出，沥干水分。
2. 洗净的芹菜切成块，下入沸水中焯煮至熟，捞出，沥干水分。
3. 洗净的青苹果切开，去核，切成块；洗净的山楂切开，去籽，切成片。
4. 将所有材料放入榨汁机中，搅拌至细滑。

Tips!

芹菜中含酸性的降压
成分，具有平肝降压的作用，临
床上对原发性、妊娠性及更年期
高血压的预防和治疗均有
效。

消除易怒情绪

易怒多是由于肝气郁结、情志不舒所致。
优势营养素：钙、铁、B族维生素。

易怒是由于肝气郁结、情志不舒所致

　　蔬菜中的钾有助于镇静神经、安定情绪。维生素C的缺乏可以表现为冷漠、情感抑郁、性格孤僻和少言寡语。缺乏色氨酸是诱发抑郁症的重要原因，记得多补充富含色氨酸的食物——花豆、黑豆、南瓜子仁等。

对症配方01

木瓜 ＋ **莲藕** ＋ **白萝卜**

有效成分

　　木瓜能维持青少年和孕妇妊娠期的生理代谢平衡，淡化脸部色斑，它强大的淡化黑色素的功能让你在享受美味的同时渐渐摆脱色斑的烦恼，收获健康的气色和细腻的皮肤。

材料 （成品200~300毫升）

木瓜.....................170克
莲藕.....................20克
白萝卜.....................20克

制作

1. 木瓜去皮，切开，去籽，切成块。
2. 洗净的莲藕切成片。
3. 洗净的白萝卜去皮，切成块。
4. 将所有材料放入榨汁机中，搅拌至细滑，倒入杯中，放上木瓜块，点缀上薄荷叶即可。

109

调整肠胃

用好消化、高蛋白质的蔬菜和水果提高胃液的分泌，打造强健的肠胃。
优势营养素：维生素A、维生素C、维生素E、维生素U。

消化吸收好的食材对肠胃好

肠胃疼痛的原因多种多样，如吃多了或者喝多了导致胃不舒服、压力大导致胃绞痛等。均衡地摄取含有维生素A、维生素C、维生素E、维生素U的食物能够减轻不适症状。此外，建议有意识地摄取高蛋白、容易消化吸收、对肠胃刺激小的白萝卜，以及含有能够修复和保护胃黏膜的维生素U的卷心菜等蔬菜。

对症配方01

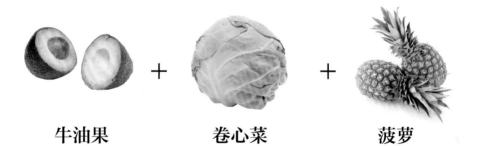

牛油果　　　　+　　　　卷心菜　　　　+　　　　菠萝

有效成分

牛油果刺激肠道，卷心菜促进消化，菠萝开胃，三者结合能起到保护肠胃的作用。

材料（成品200~300毫升）

牛油果..............165克

卷心菜..............60克

菠萝..............40克

制作

1. 牛油果去皮，切成一口能吞下的块状。
2. 洗净的卷心菜切成大块。
3. 菠萝去芯、去皮，切成一口能吞下的块状。
4. 将所有材料放入榨汁机中，搅拌至细滑。

Tips!

异硫氰酸烯丙酯是卷心菜和西蓝花等蔬菜中含有的辣味成分，具有很强的抗氧化作用，并能促进消化液的分泌。

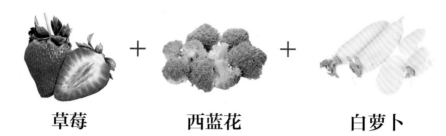

草莓 + **西蓝花** + **白萝卜**

有效成分

草莓中所含的花青素具有保护和修复胃黏膜的抗溃疡作用，能够减轻胃的负担；白萝卜能促进消化吸收，可促胃液分泌，调整胃肠功能。

材料（成品200~300毫升）

草莓......................150 克
西蓝花..................30 克
白萝卜..................50 克

制作

1. 草莓洗净，去蒂，对半切开。
2. 西蓝花切成小朵，下入沸水中焯煮至熟，捞出，沥干水分。
3. 白萝卜洗净，去皮，切成一口能吞下的块状。
4. 将所有材料放入榨汁机中，搅拌至细滑，倒入杯中，点缀上薄荷叶即可。

易消化吸收的食材对肠胃好

草莓味道偏酸，酸味食物能促进肠道中铁的吸收，加上草莓本身就含有铁，所以孕妇吃草莓可以预防缺铁性贫血，对母体和胎儿都有好处；吃草莓，还可促进胃肠蠕动，帮助消化，改善便秘，预防痔疮、肠癌的发生。

Tips!

白萝卜中所含的异硫
氰酸烯丙酯是辣味成分的一
种，抗氧化作用强，能够促
进消化液的分泌，预防癌症。
生吃能够更有效地摄取到异
硫氰酸烯丙酯。

提高免疫力

从具有抗氧化作用的蔬菜和水果中均衡地摄取维生素，提高身体免疫力。

优势营养素：维生素 A、维生素 C、维生素 E、多酚、膳食纤维。

摄取可以去除活性氧、具有抗氧化作用的食材

如果想要打造健康的好身体，提高免疫力很重要。建议均衡地摄取具有抗氧化作用强的食材，以及含有可以保护胃黏膜的维生素 A、具有抗病毒作用的维生素 C、可以防止细胞老化的维生素 E、可以去除活性氧的多酚、可以减少肠内有害菌的膳食纤维等的食材。

对症配方01

西蓝花 ＋ 苹果 ＋ 葡萄

有效成分

西蓝花能提高人体巨噬细胞吞噬病毒的能力，苹果能加速身体的新陈代谢，葡萄能延缓细胞的衰老，三者结合能提高免疫力。

材料（成品200~300毫升）

西蓝花..................150 克
苹果......................70 克
葡萄......................30 克

制作

1. 洗净的西蓝花切成朵，下入沸水中焯煮至熟，捞出，沥干水分。
2. 洗净的苹果对半切开，去核，切成块。
3. 洗净的葡萄对半切开，去籽。
4. 将所有材料放入榨汁机中，搅拌至细滑。

葡萄中所含的单宁酸
是多酚的一种。单宁酸有抗氧化
作用，可以提高免疫力，有助于
预防癌症和生活习惯病。

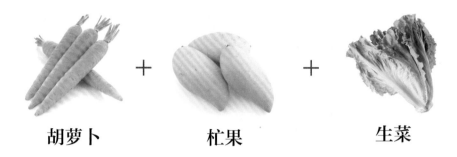

胡萝卜 + 杧果 + 生菜

有效成分

　　胡萝卜含有木质素，能增强机体内吞噬细胞的活性，杧果能延缓细胞衰老、增强脑功能，生菜可刺激人体正常细胞产生干扰素，三者结合能够提高机体免疫力。

材料（成品200~300毫升）

胡萝卜................ 145 克
杧果..................... 60 克
生菜..................... 30 克

制作

1. 洗净去皮的胡萝卜切成块。
2. 去皮的杧果切成块。
3. 洗净的生菜切成段。
4. 将所有材料放入榨汁机中，搅拌至细滑。

Tips

　　杧果中富含的维生素 A 可以保护妈咪和宝贝的视力，增强抵抗力。杧果还具有生津止咳的功效，能有效防止呕吐、晕船等症状，孕妈妈应该多吃杧果，缓解呕吐、食欲不振的症状。另外，杧果富含蛋白质，可以润泽孕妈妈的皮肤。

缓解肩酸

建议摄取能够促进血液运行的维生素 E 和能够缓解肌肉紧张的维生素 B_6。

优势营养素：葡萄糖、柠檬酸、维生素 E。

改善血液运行，缓解肌肉酸痛

肩膀酸痛的主要原因是血液运行不良导致的肌肉强直，因此，通过改善血液的运行可以缓解肩膀的酸痛。建议积极地摄取能够促进血液流通的维生素 E、具有消除疲劳效果的葡萄糖以及可以分解乳酸的柠檬酸等。除此之外，平时要注意调整姿势，不让身体受凉，这样也有助于缓解肩膀酸痛。

对症配方 01

 + +

橙子　　　　　**葡萄**　　　　　**青豌豆**

有效成分

橙子能促进血液循环，葡萄具有缓解疲劳的作用，青豌豆能缓解肌肉酸痛，三者结合对肩酸有不错的疗效。

材料（成品 200~300 毫升）

橙子.....................180 克

葡萄.....................15 克

青豌豆..................10 克

制作

1. 橙子去皮，切成小块。

2. 洗净的葡萄对半切开，去籽。

3. 青豌豆下入沸水中焯煮至熟，捞出，沥干水分。

4. 将所有材料放入榨汁机中，搅拌至细滑。

南瓜 + 杏仁 + 萝卜叶

有效成分

　　南瓜能促进血液流通，杏仁能缓解不适症状，萝卜叶让人放松，三者结合对缓解肩酸十分有效。

材料（成品200~300毫升）

南瓜.....................170克
杏仁.....................20克
萝卜叶...................5克

制作

1. 洗净的南瓜切成块，下入沸水中焯煮至熟，捞出，沥干水分。
2. 洗净的萝卜叶切成段，下入沸水中焯煮至熟，捞出，沥干水分。
3. 将所有材料放入榨汁机中，搅拌至细滑，倒入杯中即可。

⋯⋯ Tips ⋯⋯

　　男性吃南瓜可有效防治高血压、糖尿病及肝脏病变，提高人体免疫力；还可以预防脑卒中，因为南瓜含有大量的亚麻仁油酸、软脂酸、硬脂酸等，这些均为良性油脂。女性吃南瓜能缓解精神紧张，防止细胞衰老，帮助女性保持青春。

南瓜中所含的 β - 胡萝卜素能够温暖身体，改善血流，缓解肩酸。此外，血液运行改善了，寒证也能得以改善。

抗衰老

摄取具有抗氧化作用的蔬菜和水果，塑造看不出年龄的年轻体质。
优势营养素：维生素 A、维生素 C、维生素 E、卵磷脂。

用维生素 E 和卵磷脂实现青春永驻

"想要一直年轻、健康下去"是所有人的梦想。为此，多摄取能够防止细胞老化的维生素 E 以及生成骨胶原必不可少的维生素 C 很有效果。此外，建议同时摄取能让皮肤保持健康的维生素 A 和对脑的活性化有益的卵磷脂。这样，不仅仅是外貌，身体内部也将保持年轻。

对症配方01

西蓝花 ＋ 杏仁 ＋ 豆浆 ＋ 椰子油

有效成分

西蓝花能有效抗辐射，杏仁能减轻皮肤损害，豆浆能溶解沉淀于细胞内的毒素，椰子油能起到抗辐射的作用，四者搭配能够抗衰老。

材料（成品200~300毫升）

西蓝花................160 克

杏仁.....................50 克

豆浆................20 毫升

椰子油................8 毫升

制作

1. 洗净的西蓝花切成朵，下入沸水中焯煮至熟，捞出，沥干水分。
2. 将所有材料放入榨汁机中，搅拌至细滑。

西蓝花中所含的叶绿素可以改善血液运行，预防动脉硬化等疾病，还具有使血管保持弹性的功效。

西红柿　　　　　牛油果　　　　　猕猴桃

有效成分

　　西红柿能增强肌肤自身的抵抗能力，牛油果能帮助排出体内毒素，猕猴桃有助于真皮层的胶原蛋白增生，三者结合能使肌肤具有弹性，预防衰老的发生。

材料（成品200~300毫升）

西红柿................. 165 克

牛油果................. 30 克

猕猴桃................. 20 克

制作

1. 洗净的西红柿去蒂，切成块。
2. 牛油果对半切开，去核，切成丁。
3. 猕猴桃去皮，切成块。
4. 将所有材料放入榨汁机中，搅拌至细滑，倒入杯中，撒上牛油果丁即可。

Tips

　　猕猴桃含有丰富的叶酸，叶酸是构筑健康体魄的必需物质之一，能预防胚胎发育的神经管畸形，为孕妇解除后顾之忧；女性是便秘的常见人群，猕猴桃含有优良的膳食纤维和丰富的抗氧化物质，能够起到润燥通便的作用。

獭猴桃种子中含有丰
富的多酚和维生素 E。多酚
具有抗氧化作用，能够清除
活性氧，防止老化。

防癌抗癌

提高身体免疫力，去除癌症的元凶——活性氧。
优势营养素：维生素 A、维生素 C、维生素 E。

对于预防癌症而言，提高免疫力是不可或缺的

想要预防癌症，提高身体免疫力很重要，而其中的关键就是要维持存在着 60% 的免疫细胞的肠道内部的健康。然而，遗憾的是，免疫细胞会随着年龄的增长而减少，患癌的风险也会增加。建议摄取有抑制癌症效果的维生素 A、维生素 C、维生素 E，以及抗氧化作用强的植物生化素，来提高肠道的免疫力。

对症配方01

西红柿   玉米   橙子

有效成分

西红柿中番茄红素具有降低癌症发病率的作用，玉米能防氧化，具有抗癌的作用，橙子富含维生素 C，三者搭配能够防癌抗癌。

材料 （成品200~300毫升）

西红柿.................160 克
玉米.....................30 克
橙子....................25 克

制作

1. 洗净的西红柿去蒂，切成块。
2. 去皮的玉米洗净，剥成粒，下入沸水中焯煮至熟，捞出，沥干水分。
3. 橙子对半切开，去皮，切成块。
4. 将所有材料放入榨汁机中，搅拌至细滑。

Tips!

西红柿中所含的番茄红素有着强力的抗氧化作用，可以去除活性氧，预防癌症。番茄红素尤其有助于预防前列腺癌。

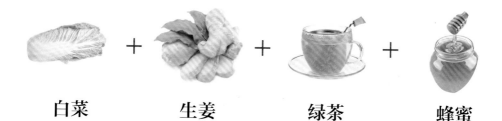

白菜 　　　　 生姜 　　　　 绿茶 　　　　 蜂蜜

有效成分

　　白菜中的"吲哚"具有抗癌作用，生姜中含有抑制肿瘤血管形成的因子，绿茶能把致癌物质排出体外，蜂蜜能预防肿瘤复发，四者搭配能提高免疫力。

材料（成品200~300毫升）

白菜.................... 150 克

生姜..................... 50 克

绿茶.................. 40 毫升

蜂蜜..................15 毫升

制作

1. 洗净的白菜切成段，下入沸水中焯煮至熟，捞出，沥干水分。
2. 洗净去皮的生姜切成片。
3. 将所有材料放入榨汁机中，搅拌至细滑。

Tips

　　女性喝绿茶利于身体健康。由于绿茶中所含的丹宁、茶素、维生素C、维生素E等皆具抗氧化作用，能使肌肤更紧实、富有弹性；绿茶中的茶多酚可以阻断亚硝酸胺等多种致癌物质在体内合成，并具有直接杀死癌细胞和提高机体免疫力的功效。

Part 4
调理季节性不适的思慕雪

只需少许常见的新鲜水果或冰冻水果，搭配碎冰、果汁、乳制品或者蔬菜，就能调制出美味健康的思慕雪果汁，解决随季节变化带来的身体上的不适反应。每天喝一点儿，就能保持美丽和健康，快来尝试吧！

春季花粉过敏

利用能作用于过敏源头的多酚来缓解眼睛和鼻子的不适。
优势营养素：维生素 B_6、乳酸菌、α-亚麻酸、多酚。

摄取能够保护免疫系统的维生素 B_6

　　如今，花粉症可以说是国民病之一了。想要战胜眼睛瘙痒、鼻塞等难受的过敏症状，需要保持免疫系统的正常。建议摄取含有维生素 B_6 和乳酸菌的食材，以及可以缓解过敏症状的 α-亚麻酸和多酚。花粉飞散的早春自不必说，其他季节也要注意保持免疫系统的正常，这一点很重要。

对症配方01

| 草莓 | 猕猴桃 | 酸奶 | 苏子油 |

有效成分

　　草莓的营养价值主要在于其富含维生素C和有消炎作用的抗氧化剂，该成分对防止皮肤受损、减少自由基损伤有重要作用。

材料（成品200~300毫升）

草莓..................100克
猕猴桃..................80克
酸奶..................40毫升
苏子油..............10毫升

制作

1. 洗净的草莓去蒂，对半切开。
2. 猕猴桃去皮，切成块。
3. 先把猕猴桃放入榨汁机中，搅拌至细滑，倒入杯中，再放入草莓，搅拌至细滑，倒入杯中，最后倒入酸奶，淋上苏子油即可。

香蕉 　　　黄彩椒 　　　葡萄 　　　绿茶

有效成分

葡萄能改善过敏症状，防癌抗癌，葡萄皮中的白藜芦醇能抑制发炎物质的扩散，有效缓解过敏症状。

材料（成品200~300毫升）

香蕉.....................90克
黄彩椒.................50克
葡萄.....................70克
绿茶.................30毫升

制作

1. 去皮的香蕉切成片。
2. 洗净的黄彩椒去蒂、去籽，切成块。
3. 洗净的葡萄对半切开，去籽。
4. 先将香蕉放入榨汁机中，搅拌至细滑，倒入杯中，再将彩椒放入榨汁机中，搅拌至细滑，接着将葡萄放入榨汁机中，搅拌至细滑，倒入杯中，最后淋上绿茶即可。

Tips

最初制作此款思慕雪时加入了整个黄彩椒，做出来的成品颜色不好看，而且黄彩椒的味道盖过了香蕉。所以改了配方，多加了一倍的香蕉，将黄彩椒的量变成半个，这样制作出的思慕雪不仅色美，口感更顺滑。

Tips!

葡萄中所含的多酚有
消除活性氧的功效，对春季
花粉症等过敏症状的缓和效
果值得期待。

135

春困

春困会让你感觉到疲倦、四肢无力、食欲不振、腹胀不适。
优势营养素：钾、钠、B族维生素。

促进新陈代谢，消除疲劳，促使体力恢复

维生素 B_1、维生素 B_6、维生素 B_{12} 等 B 族维生素是缓解压力、营养神经的天然解毒剂，是消除疲劳必不可少的营养素，也是中国人最容易缺乏的维生素，适量补充这些 B 族维生素对患慢性疲劳综合征的人尤其有益。

对症配方01

 + +

猕猴桃　　　　**黄彩椒**　　　　**白萝卜**

有效成分

猕猴桃可提高免疫力，黄彩椒可以振奋精神，白萝卜可增强人的脾胃之气，强化肝功能，三者结合可以帮你提神醒脑。

材料（成品200~300毫升）

猕猴桃.................100克
黄彩椒...................80克
白萝卜...................60克

制作

1. 猕猴桃去皮，切成块。
2. 洗净的黄彩椒去蒂、去籽，切成块。
3. 洗净的白萝卜去皮，切成块。
4. 将白萝卜放入榨汁机中，搅拌至细滑，倒入杯中，再将黄彩椒放入榨汁机中，搅拌至细滑，倒入杯中，接着将猕猴桃放入榨汁机中，搅拌至细滑，倒入杯中，最后撒上黄彩椒丁即可。

Tips!

黄彩椒中所含的辣椒碱能刺激味觉、增加食欲、促进大脑血液循环，使人精力充沛，思维活跃。

对症配方02

芦柑　　　＋　　　红薯　　　＋　　　牛奶

有效成分

　　芦柑能够帮助维持肌肉和神经的正常功能，红薯能使人精力充沛，牛奶可使腹痛、疲乏等症状有所减轻，三者结合能使人精神饱满。

材料（成品200~300毫升）

芦柑.....................100克
红薯.......................90克
牛奶...................30毫升

制作

1. 芦柑去皮，切成块。
2. 洗净去皮的红薯切成块。
3. 先将红薯放入榨汁机中，搅拌至细滑，倒入杯中，再将芦柑放入榨汁机中，搅拌至细滑，倒入杯中，最后淋上牛奶即可。

Tips

　　芦柑的热量并不会对人的健康带来伤害，其中含有的大量的维生素C对女性朋友来说更是美容的佳品，能达到很好的抗氧化的效果；芦柑富含维生素C、柠檬酸和膳食纤维，适量食用，可以润泽肌肤，缓解疲倦无力、便秘等症状。

春季肝气不舒

　　春季肝气不舒，人的周身气血运行便会紊乱，出现高血压、消化系统紊乱等疾病。

　　优势营养素：钾、胡萝卜素、维生素C、维生素B_1。

调节肝脏功能

　　白萝卜中含有能诱导人体自身产生干扰素的多种微量元素，可以增强机体的免疫力。此外，香蕉中含有大量的维生素和钾，钾离子可强化肌力及肌耐力，可清热润肠、解毒、促进肠胃蠕动，而且还具有消除情绪紧张、安神镇静的作用，春季可适当多摄入这些食材，帮助疏肝益气。

对症配方01

菠萝 ＋ **白萝卜** ＋ **姜黄**

有效成分

　　菠萝具有去除黄疸、水肿、暴热烦渴等功效，白萝卜具有下气消积的作用，姜黄能补脾益气，三者结合能平肝清肺。

材料（成品200~300毫升）

菠萝.....................120克
白萝卜.................80克
姜黄......................10克

制作

1. 菠萝去皮，切成块。
2. 洗净的白萝卜去皮，切成块。
3. 姜黄放入料理机内，磨成粉。
4. 先将菠萝放入榨汁机中，搅拌至细滑，倒入杯中，再将白萝卜放入榨汁机中，搅拌至细滑，倒入杯中，最后撒上姜黄粉即可。

南瓜　　　　**橙子**　　　　**白芝麻**　　　　**枸杞子**

有效成分

　　南瓜具有消除情绪紧张的作用，橙子可疏肝健脾，白芝麻能理气益气，枸杞可疏肝解郁，四者结合能缓解春季肝气不舒的症状。

材料（成品200~300毫升）

南瓜....................100克
橙子......................80克
白芝麻..................30克
枸杞子..................10克

制作

1. 洗净的南瓜去皮，切成块，焯水至熟，捞出。
2. 橙子去皮，切成块。
3. 先将南瓜放入榨汁机中，搅拌至细滑，倒入杯中，再将橙子放入榨汁机中，搅拌至细滑倒入杯中，接着铺上白芝麻，放上枸杞子，搅拌至细滑，再盖上一层橙子丁，最后点缀上罗勒叶即可。

Tips ··········

　　南瓜中含高钙、高钾、低钠，特别适合中老年人和高血压患者，有利于预防骨质疏松和高血压；南瓜能使大便通畅，肌肤丰美，尤其对女性有美容作用；南瓜富含锌，对预防和改善男子前列腺疾病具有很好的药用功效。

夏乏

应对消除疲劳和增进食欲不可或缺的营养素，能帮助击退倦怠，打造有活力的身体。

优势营养素：维生素 C、维生素 B_1、柠檬酸。

摄取能够迅速转化成能量的蔬菜和水果

想要适应夏季的炎热，但是身体的生理功能却不能顺利地调节过来，从而出现食欲不振和疲劳感等不适症状。建议摄入含水分多的蔬菜和水果，以及能够消除疲劳、增进食欲的番茄和苹果等。

对症配方01

西瓜

+

西红柿

+

杧果

有效成分

西瓜能解夏日疲倦，西红柿具有解毒、提神的作用，杧果能起到消除疲倦的作用，三者结合有助于抵抗困倦对人体的侵袭。

材料（成品200~300毫升）

西瓜.....................100克
西红柿..................80克
杧果......................30克

制作

1. 西瓜去皮，切成块。
2. 洗净的西红柿去蒂，切成块。
3. 杧果去皮，切成块。
4. 先将西红柿放入榨汁机中，搅拌至细滑，倒入杯中，再将西瓜、杧果放入榨汁机中，搅拌至细滑，倒入杯中，点缀上薄荷叶即可。

Tips!

西红柿中所含的番茄红素是类胡萝卜素的一种，西红柿红素具有很强的抗氧化力，可以减轻疲劳。

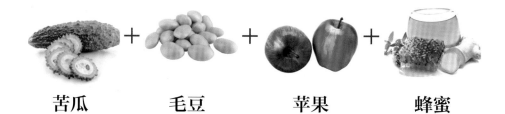

苦瓜   毛豆   苹果   蜂蜜

有效成分

　　毛豆可以缓解倦怠，苦瓜能增强记忆力，苹果对增强抵抗力有帮助，蜂蜜能协助大脑调节睡眠，四者结合能补充能量，缓解疲劳感。

材料（成品200~300毫升）

苦瓜.....................100 克

毛豆.......................90 克

苹果.......................50 克

蜂蜜....................10 毫升

制作

1. 洗净的苦瓜去瓤，切成片，下入沸水中焯煮至熟，捞出，沥干水分。
2. 去皮的毛豆下入沸水中焯煮至熟，捞出，沥干水分。
3. 洗净的苹果去核，切成块。
4. 将所有材料放入榨汁机中，搅拌至细滑。

Tips

　　使用冷冻过的蔬果制作思慕雪，口感会变得更加浓厚；液体可以用椰子水、牛奶、纯净水或豆浆；还可根据自己的喜好调整蔬果的种类，甜度依个人喜好酌量添加蜂蜜，天然又营养。

苦瓜中所含的苦瓜素
能够保护肠胃黏膜，促进胃液的
分泌。苦瓜还有增进食欲的功效，
有助于预防夏季不适。

夏季食欲不振

食用营养价值高、好消化的食材，以增进食欲、增强体力为目标。
优势营养素：糖类、柠檬酸、B族维生素、维生素C。

增强基础代谢，摄取营养价值高的食物

炎热的夏天会出现一时的食欲减退的情况。夏天出汗，容易让人觉得是基础代谢在提高，其实，由于温暖身体的需要没有了，基础代谢反而是在下降。这样一来，能量就变得不那么必要了，从而食欲就会减退。建议摄取含有糖类、B族维生素和维生素C的食物，或者通过摄入可以增进食欲的柠檬酸来改善食欲不振。

对症配方01

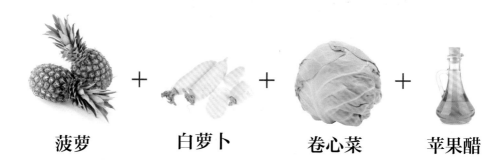

菠萝　　　　　　白萝卜　　　　　　卷心菜　　　　　　苹果醋

有效成分

苹果醋中所含的醋酸可以促进胃液分泌，增进食欲，并且可以促进对钙的吸收。

材料（成品200~300毫升）

菠萝..................155 克

白萝卜..................40 克

卷心菜..................30 克

苹果醋..............10 毫升

制作

1. 菠萝去皮，切成块。

2. 洗净的白萝卜去皮，切成块。

3. 洗净的卷心菜切成块，焯水至熟，捞出。

4. 将所有材料放入榨汁机中，搅拌至细滑。

Tips!

菠萝中所含的维生素 B_1
可以消除疲劳，增进
食欲。

149

空调病

用维生素、矿物质由内而外温暖身体，改善血液运行，预防空调病。
优势营养素：维生素 C、维生素 E、铁元素。

促进血液运行，增强新陈代谢

　　和寒证一样，空调病多发于女性。控制体温调节的自主神经的平衡紊乱是导致空调病的主要原因。建议摄取含有可以促进血液运行的维生素 E 的食材以及可以增强新陈代谢的铁元素食材，和维生素 C 一起摄取的话可以提高吸收率。

对症配方01

 + +

小油菜　　　　**牛油果**　　　　**西梅**

有效成分

　　西梅中所含的铁质可令你的面色红润、充满光泽，而且还能增加体力，令你看起来更精神奕奕。

材料（成品 200~300 毫升）

小油菜..................80 克
牛油果..................70 克
西梅......................50 克

制作

1. 洗净的小油菜切成段，下入沸水中焯煮至熟，捞出，沥干水分。
2. 牛油果对半切开，去核，去皮，切成块。
3. 洗净的西梅对半切开，去核。
4. 先将牛油果放入榨汁机中，搅拌至细滑，倒入杯中，再将西梅放入榨汁机中，搅拌至细滑，倒入杯中，最后将小油菜放入榨汁机中，搅拌至细滑，倒入杯中即可。

Tips!

西梅中所含的维生素C
能促进骨骼生长、肌肉发育，防
止血管硬化，保护牙齿，并有助
于铁质的吸收。

对症配方02

树莓　　　　　　　红彩椒　　　　　　　杏子

有效成分

　　树莓能提高人体免疫力，红彩椒可预防感冒和促进血液循环等，杏子具有增加热量的作用。

材料（成品200~300毫升）

树莓..................... 155 克

红彩椒.................. 20 克

杏子...................... 20 克

制作

1. 洗净的树莓备用。

2. 洗净的红彩椒去蒂，切成块。

3. 杏子切成块。

4. 将所有材料放入榨汁机中，搅拌至细滑。

Tips

　　对男性朋友来说，树莓具有补肝肾、缩小便、助阳、固精、明目的作用，还可治疗阳痿早泄、遗精滑精；对于女性朋友而言，树莓可治疗宫冷不孕、带下清稀、尿频遗溺、目昏暗、须发早白。

自主神经失调

多摄取蔬菜和水果，保持有规律的生活，可预防季节变换易出现的自主神经失调。

优势营养素：维生素 A、维生素 B_1、钙、镁、锌。

保持交感神经、副交感神经的平衡

平时需要注意多吃富含维生素 A、胡萝卜素以及维生素 B_2 的食品；同时，多摄入保护眼睛的食物，如胡萝卜、菠菜、小米、大白菜、西红柿、枸杞等。

对症配方01

 +  +

柿子   **胡萝卜**   **菠菜**

有效成分

柿子含有能软化血管、增强血管弹性的成分，胡萝卜可以抑制外界对精神产生的刺激，菠菜可使自主神经稳定和安定下来，三者结合能改善神经失调的症状。

材料（成品200~300毫升）

柿子.....................100 克
胡萝卜.................80 克
菠菜.....................60 克

制作

1. 洗净的柿子去蒂，切成块。

2. 洗净的胡萝卜去皮，切成块。

3. 洗净的菠菜去头，切成段。

4. 先将胡萝卜放入榨汁机中，搅拌至细滑，倒入杯中，再将菠菜放入榨汁机中，搅拌至细滑，倒入杯中，接着将柿子放入榨汁机中，搅拌至细滑，倒入杯中，最后点缀上胡萝卜片即可。

葡萄柚　　　　生菜　　　　圣女果　　　　核桃

有效成分

　　葡萄柚可以预防自主神经失调症，生菜可预防由钙摄取不足所引起的急躁等症状，圣女果能够传导神经刺激自主神经系统，核桃对人的大脑神经很有益，四者结合能调节神经失调。

材料（成品200~300毫升）

葡萄柚................100克
生菜....................80克
圣女果................70克
核桃....................20克

制作

1. 葡萄柚去皮，切成块。
2. 洗净的生菜切成块。
3. 洗净的圣女果去蒂，切成块。
4. 核桃仁切成碎。
5. 先将葡萄柚放入榨汁机中，搅拌至细滑，倒入杯中，再将生菜放入榨汁机中，搅拌至细滑，倒入杯中，接着将圣女果放入榨汁机中，搅拌至细滑，倒入杯中，最后撒上核桃碎即可。

Tips

　　核桃所含的蛋白质中又含有对人体极为重要的赖氨酸，它所含的脂肪中的磷脂丰富，有支持脑的复杂精巧运转的功能，对长期从事脑力劳动或体力劳动过度的人来说，常吃有健脑作用；吃核桃能营养肌肤，使人白嫩，老年人皮肤衰老更宜常吃。

157

哮喘

多摄取膳食纤维、维生素C、豆类等能提高免疫力，缓解喉咙和气道的炎症。

优势营养素：维生素A、维生素C、维生素E、α-亚麻酸。

确保气道畅通，摄取可以增强免疫力的食材

哮喘始发于秋季，是由炎症导致支气管通道变得狭窄的疾病。建议通过搭配食用富含维生素的食材来提高免疫力。亚麻籽油中所含的α-亚麻酸具有抗哮喘的效果，十分值得推荐。

对症配方01

 +  +

梨 　　　　　卷心菜 　　　　　橙子

有效成分

梨有清热、消痰的功效，卷心菜可化痰止咳，橙子能起到止咳润肺的作用，三者结合能有效缓解秋季哮喘。

材料（成品200~300毫升）

梨......................100克
卷心菜................70克
橙子....................60克

制作

1. 洗净的梨去核，切成块。
2. 洗净的卷心菜切成块。
3. 橙子去皮，切成块。
4. 先将橙子放入榨汁机中，搅拌至细滑，倒入杯中，再将梨放入榨汁机中，搅拌至细滑，倒入杯中，接着将卷心菜放入榨汁机中，搅拌至细滑，倒入杯中，最后点缀上橙子块即可。

Tips!

梨味甘微酸、性凉，
入肺、胃经，具有清热解毒、化
痰止咳的功效。

苹果　　　　　莲藕　　　　　黑豆　　　亚麻籽油

有效成分

　　苹果可润肺清燥，莲藕能清热、消炎，黑豆能润肺清热、消痰降火，亚麻籽油有润肺、助消化的功效，四者结合能够帮助减轻哮喘病症。

材料（成品200~300毫升）

苹果	100 克
莲藕	90 克
黑豆	40 克
亚麻籽油	5 毫升

制作

1. 洗净的苹果去核，切成块；洗净的莲藕切成片。
2. 黑豆下入沸水中焯煮至熟，捞出，沥干水分。
3. 先将莲藕放入榨汁机中，搅拌至细滑，倒入杯中，再将苹果放入榨汁机中，搅拌至细滑，倒入杯中，最后铺上黑豆，淋上亚麻籽油即可。

Tips

　　经常吃苹果能够很好地提高女性的性生活质量，这是因为苹果中含有一种叫作根皮苷的化学物质，这种物质能够很好地提高性功能；很多女性在怀孕初期都会出现孕吐的情况，吃苹果能够及时地补充身体所需要的热量和维生素。

修复被紫外线损伤的皮肤

由于受到夏季强烈的紫外线照射，到了秋季肌肤容易疲劳。
优势营养素：维生素 A、维生素 E。

从身体内部抵挡紫外线

色斑和雀斑的罪魁祸首、女性的大敌，就是紫外线。建议摄取可以去除由紫外线产生的活性氧的维生素 E 和多酚、可以抑制活性氧的维生素 A、可以生成骨胶原并使皮肤变得有光泽的维生素 C，以及能够促进肌肤新陈代谢的维生素 B_2。

对症配方01

西蓝花 ＋ 芹菜 ＋ 柿子

有效成分

西蓝花可保护皮肤胶原，让皮肤更细滑，芹菜在胶原蛋白的合成、保持皮肤弹性方面有巨大的作用，柿子具有光滑皮肤的效果，三者结合能有效修复皮肤损伤。

材料（成品200~300毫升）

西蓝花..................145 克
芹菜......................40 克
柿子......................20 克

制作

1. 洗净的西蓝花切成朵，下入沸水中焯煮至熟，捞出，沥干水分。
2. 洗净的芹菜切成块，下入沸水中焯煮至熟，捞出，沥干水分。
3. 洗净的柿子去蒂，切成块。
4. 将所有材料放入榨汁机中，搅拌至细滑。

Tips!

西蓝花中所含的异硫氰
酸酯有很强的抗氧化作用，可以
抑制活性氧，调整肌肤的状态，
其保护肌肤不受紫外线侵害的效
果也值得推荐。

卷心菜 ＋ 橙子 ＋ 猕猴桃

有效成分

卷心菜可减轻皮肤的过敏现象，橙子可以增加皮肤的抵抗力，猕猴桃能减少由紫外线导致的皱纹，使皮肤光滑，三者结合能提高皮肤的免疫力。

材料（成品 200~300 毫升）

卷心菜..................100 克
橙子......................70 克
猕猴桃..................60 克

制作

1. 洗净的卷心菜切成块，焯水至熟，捞出。
2. 橙子去皮，切成块；猕猴桃去皮，切成块。
3. 将卷心菜放入榨汁机中，搅拌至细滑，倒入杯中，再分别将猕猴桃、橙子放入榨汁机中，搅拌至细滑，均依次倒入杯中，点缀上罗勒叶即可。

Tips

卷心菜中含有大量的天然叶酸，这种物质可以促进胎儿脑血管发育，能预防胎儿畸形；另外，叶酸对青少年发育也有很大好处，因此平时青少年也应该多吃卷心菜，可以让身体更健康，发育更快。

獗猴桃中所含的多酚
有抗氧化作用，可以抑制由紫
外线等造成的活性氧，防止肌
肤的老化。此外，其对减少皱
纹和预防皮肤松弛也有效果。

冬季感冒

利用能够防止病毒入侵的维生素 C 来战胜感冒。
优势营养素：维生素 A、维生素 C。

提高抵抗力，防御病毒的入侵

喉咙痛、流鼻涕、头痛等都是感冒的症状。建议多摄取可以增强抵抗力、防止病毒和细菌入侵的维生素 C。推荐同时摄取具有杀菌效果的大葱、可以温暖身体的生姜等。除此之外，不要忘记摄取好消化的食材和多补充能量。

对症配方01

 +  +

白萝卜   橙子   大葱

有效成分

白萝卜可解表散寒，橙子能治疗恶寒发热，大葱有祛风发汗的作用，三者结合能起到消炎的作用。

材料（成品200~300毫升）

白萝卜..............100 克
橙子....................90 克
大葱....................40 克

制作

1. 洗净的白萝卜去皮，切成块。
2. 橙子去皮，切成块。
3. 洗净的大葱切成圈。
4. 先将白萝卜放入榨汁机中，搅拌至细滑，倒入杯中，再将橙子放入榨汁机中，搅拌至细滑，倒入杯中，接着将大葱放入榨汁机中，搅拌至细滑，倒入杯中，最后点缀上薄荷叶即可。

Tips!

大葱中所含的蒜素是含硫化合物的一种，蒜素有着强力的抗氧化作用，可以消灭引发感冒和支气管炎的细菌。

小油菜 + **百香果** + **生姜** + **蜂蜜**

有效成分

　　小油菜可增强细胞活力，百香果能提升机体免疫力，生姜能抵抗病毒、细菌的侵袭，蜂蜜可提高睡眠质量，四者结合能驱散风寒。

材料（成品200~300毫升）

小油菜................90克
百香果................70克
生姜....................60克
蜂蜜....................10毫升

制作

1. 洗净的小油菜切成段，再下入沸水中焯煮至熟，捞出，沥干水分。
2. 百香果切开，取出果肉。
3. 洗净去皮的生姜切成块。
4. 先将生姜放入榨汁机中，搅拌至细滑，倒入杯中，再将小油菜放入榨汁机中，搅拌至细滑，倒入杯中，最后加入百香果果肉，淋上蜂蜜即可。

Tips

　　百香果中含有的SOD（超氧化物歧化酶）可以清除孕妈妈体内的自由基，避免有害物质沉积，从而起到改善孕妈妈皮肤和排毒养颜的作用；小孩子吃百香果可以开胃消食、增强免疫力，还可加快新陈代谢，有效地进行排便。

Tips!

生姜中所含的姜辣素
具有抑制咳嗽、温暖身体以
及预防感冒的功效。

冬季尿频

在寒冷的冬季，由于多种原因可引起小便次数增多，但无疼痛。
优势营养素：钾、氨基酸、维生素 B_2。

多吃含锌、硒的食物，核桃、松子等坚果类是不错的选择

　　可多吃含有矿物质钙、钾、磷、铁和多种维生素，同时含有多种人体必需的氨基酸，能起到补气养血、滋肾益肝作用的食物。另外，常食南瓜可以缓解由前列腺肥大引起的尿频。

对症配方01

橙子　　　　　　**南瓜**　　　　　　**西红柿**

有效成分

　　橙子是尿频患者理想的食疗食材，南瓜可以缓解由前列腺肥大引起的尿频，西红柿可在一定程度上减少尿频次数，三者结合能促进人体各种内分泌功能。

材料 （成品200~300毫升）

橙子....................170 克
南瓜....................20 克
西红柿................10 克

制作

1. 橙子去皮，切成块。
2. 洗净的南瓜去皮，切成块，下入沸水中焯煮至熟，捞出，沥干水分。
3. 洗净的西红柿去蒂，切成丁。
4. 将所有材料放入榨汁机中，搅拌至细滑。

哈密瓜　　　　　西红柿　　　　　黄瓜

有效成分

哈密瓜能起到调控焦虑情绪的作用，西红柿具有减少尿频次数的功效，黄瓜能清热解渴、利尿解毒。

材料 （成品200~300毫升）

哈密瓜.................150克
西红柿.................30克
黄瓜.....................20克

制作

1. 去皮洗净的哈密瓜，切开，去籽，切成块。
2. 洗净的西红柿去蒂，切成块。
3. 洗净的黄瓜切成块。
4. 将所有材料放入榨汁机中，搅拌至细滑。

Tips

哈密瓜含有大量的水分，能帮助身体排除多余的钠；其富含的叶酸成分有利于防止小儿神经管畸形，所以孕妇吃哈密瓜是很有好处的，但一定要注意适量。另外，哈密瓜含糖较多，糖尿病人应慎食。

冬季皮肤干燥

用能够守护皮肤黏膜的维生素 A 和能够防止细胞老化的维生素 E 保持皮肤湿润。

优势营养素：维生素 A、维生素 B$_2$、维生素 B$_6$、维生素 C、维生素 E。

以养出婴儿般的肌肤为目标

女性都想拥有滋润、有弹性、丝滑、有光泽的肌肤，然而到了冬季，皮肤特别容易干燥。建议摄取富含维生素的食材，尤其是具有抗氧化作用的维生素 E，和维生素 C 一起摄取的话效果会更好，可有效预防肌肤干燥。

对症配方01

 +  +

猕猴桃　　　　**菠菜**　　　　**草莓**

有效成分

猕猴桃含有丰富的维生素 C，具有抗氧化功能，对消除人体皱纹和细纹有着积极的作用。另外，猕猴桃中富含维生素、膳食纤维，且脂肪量较低，对减肥健美、美容等具有一定功效。

材料（成品200~300毫升）

猕猴桃..............150 克
菠菜....................30 克
草莓....................20 克

制作

1. 猕猴桃去皮，切成块。
2. 洗净的菠菜去头，切成段，下入沸水中焯煮至熟，捞出，沥干水分。
3. 洗净的草莓去蒂，对半切开。
4. 将所有材料放入榨汁机中，搅拌至细滑。

菠菜中所含的叶绿素
具有排除体内毒素的作用，可以
调节肠道内的环境，进而改善干
燥的皮肤。